PROGRAMME DE JUILLET 1909

COURS DE CHIMIE

A L'USAGE
DES ÉCOLES PRIMAIRES SUPÉRIEURES, — DES COURS COMPLÉMENTAIRES
ET DES CANDIDATS
AU BREVET ÉLÉMENTAIRE ET A L'ÉCOLE NORMALE

PAR

L. PERSEIL
PROFESSEUR A L'ÉCOLE PRIMAIRE SUPÉRIEURE DE MELUN

Mme B. GAUTHIER-ECHARD
ANCIENNE ÉLÈVE DE L'ÉCOLE NORMALE SUPÉRIEURE DE FONTENAY-AUX-ROSES
PROFESSEUR A L'ÉCOLE NORMALE D'INSTITUTRICES DE BOURGES

Troisième Année

TROISIÈME ÉDITION REVUE ET CORRIGÉE

PARIS
LIBRAIRIE CLASSIQUE FERNAND NATHAN
16, RUE DES FOSSÉS-SAINT-JACQUES, 16
(Place du Panthéon, Ve)

1914

A LA MEME LIBRAIRIE

Envoi franco contre mandat ou timbres-poste

PROGRAMME DES ÉCOLES PRIMAIRES SUPÉRIEURES

PERSEIL et GAUTHIER. — **COURS DE PHYSIQUE DES ÉCOLES PRIMAIRES SUPÉRIEURES.**

Première année. 1 vol. in-8°, relié. 1 60
Deuxième année. 1 vol. in-8°, relié. 2 25
Troisième année. 1 vol. in-8°, relié. 2 »
— Les trois années réunies en un beau vol., broché, 3 75; relié. 4 75

A. AMMANN et E. COUTANT. — **COURS D'HISTOIRE DES ÉCOLES PRIMAIRES SUPÉRIEURES.**

— *Première année.* — Histoire de la France depuis le début du XVIe siècle jusqu'en 1789. 1 vol. in-12, relié. 2 50
— *Deuxième année.* — Histoire de la France depuis 1789 jusqu'à la fin du XIXe siècle. 1 vol. in-12, relié. 3 »
— *Troisième année.* — *Le Monde au* XIXe *siècle :* Tableau politique et économique du Monde contemporain. 1 vol. in-12, relié. 3 »
— Cours supérieur et complémentaire. Notions sommaires d'histoire générale et revision de l'histoire de France. 1 vol. in-12, relié. 2 50

G. DODU. — **COURS DE GÉOGRAPHIE.**

— *Première année.* — Principaux aspects du Globe. La France. 1 vol. in-8°, relié. 2 75
— *Deuxième année.* — L'Europe moins la France. 1 vol. in-8°, relié. 2 75
— *Troisième année.* — Le Monde moins l'Europe. 1 vol. in-8°, relié. 2 75
— Cartes d'ensemble pour accompagner la première année. 1 vol. in-8°. 0 80
— Cartes d'ensemble pour accompagner la deuxième année. 1 vol. in-8°. 1 »
— Cartes d'ensemble pour accompagner la troisième année. 1 vol. in-8°. 1 »
— Les Cartes d'ensemble réunies en un seul volume. 2 50

BOURGUEIL. — **COURS DE DROIT.**

— *Deuxième année.* — Instruction civique et droit usuel. 1 vol. in-12, relié. 1 35
— *Troisième année.* — Droit usuel et Économie politique. 1 vol. in-12, relié. 2 »

A. JACQUET et LACLEF. — **COURS DE MATHÉMATIQUES.**

— Arithmétique du Brevet élémentaire. 1 vol. in-12, relié. 2 25
— Solutions raisonnées des Exercices et Problèmes contenus dans l'Arithmétique du Brevet élémentaire. 1 vol. in-12, broché. 3 »
— Cours d'Arithmétique théorique et pratique. 1 vol. relié. 3 »
— Solutions raisonnées des Exercices et Problèmes contenus dans le Cours d'Arithmétique théorique et pratique. 1 vol. in-12, broché. 3 50
— Cours de Géométrie théorique et pratique. 1 vol. relié. 3 50
— Cours d'Algèbre élémentaire. 1 vol. relié. 2 »
— Compléments d'Arithmétique, de Géométrie, d'Algèbre. 1 vol. relié. 3 50

PRÉFACE

Les nouveaux programmes de chimie pour les écoles primaires supérieures ont accentué le caractère pratique qui se trouvait déjà indiqué dans les anciens; mais ils ont introduit plus d'unité dans l'enseignement en groupant l'étude des différentes matières dans un ordre plus logique.

Toutefois, il y avait deux excès à éviter dans l'élaboration d'un ouvrage de sciences répondant à ces programmes nouveaux.

La préoccupation de rester pratique pouvait conduire à simplifier tellement l'enseignement, qu'on le privait de la rigueur scientifique nécessaire à la formation de jeunes esprits, en le dépouillant de toute valeur éducatrice.

D'autre part, la crainte que le caractère pratique de l'enseignement ne nuisît à la rigueur et à la précision scientifiques pouvait incliner l'auteur à entrer dans des explications théoriques dépassant la portée d'enfants récemment sortis de l'école primaire.

Nous nous sommes efforcés de nous tenir également éloignés de ces deux tendances et d'écrire, dans l'esprit du programme, un ouvrage exempt de toute considération théorique, *fondé sur l'observation et l'expérience*, qui restât à la fois simple et suffisamment complet.

Des sommaires, sous forme de tableaux synoptiques, présentent d'une manière commode l'ensemble des matières de chaque chapitre et facilitent les revisions. On trouvera en outre, à la fin de chaque leçon, l'indication d'un certain nombre d'exercices d'observation, ainsi que des expériences simples, faciles à réaliser à l'aide d'appareils peu compliqués.

Au point de vue matériel, rien n'a été négligé de tout ce qui pouvait ajouter à l'attrait de l'ouvrage et en rendre la lecture facile et agréable : caractères très lisibles, fréquents alinéas, gravures assez nombreuses, le plus souvent schématiques et de dimensions assez grandes pour être aisément comprises.

COURS DE CHIMIE

TROISIÈME ANNÉE

CHAPITRE PREMIER

CELLULOSE. — PAPIER

PLAN

Cellulose

I État naturel
- Elle entre dans la constitution des membranes de toutes les cellules végétales.
- Cellulose à peu près pure dans le papier, le coton, le vieux linge.

II Propriétés
- *Réactif* : *liqueur de Schweitzer* ou solution ammoniacale d'oxyde de cuivre, dans laquelle elle est soluble.
- Action de l'*acide sulfurique* : Action durant quelques secondes : *Papier parchemin*.
- Action de l'*acide azotique* : Acide froid et fumant : formation de *celluloses nitrées* (coton-poudre, cellulose octonitrique).

III Usages
- 1° Fabrication du *coton-poudre* : employé comme explosif ; fabrication de la poudre sans fumée.
- 2° Fabrication du *collodion* : on dissout la cellulose nitrée dans l'alcool et l'éther.
  - *Usages du collodion* : a) en photographie et en médecine. b) dans la fabrication de la soie artificielle.
- 3° Fabrication du *celluloïd*.

Papier

I. Matières premières : vieux chiffons, bois, pailles, alfa, aloès, etc.

II Préparation de la pâte
- 1° *Pâte de chiffons* : Triage des chiffons. Lessivage. Effilochage. Blanchiment.
- 2° *Pâte de bois* : Procédé *mécanique* : on râpe le bois en poudre. Procédé *chimique* : on isole la cellulose des résines que contient le bois.
- 3° *Pâtes d'alfa et de paille* : Traitement chimique.

Raffinage de la pâte obtenue dans ces divers procédés.

III Transformation de la pâte en feuilles	1° Papier à la forme. Procédé peu employé. 2° Papier mécanique.

Collage du papier, superficiellement, ou dans la pâte pendant le raffinage.

IV. Usages. Très nombreux et variés : Impression, écriture, emballage, etc.

CELLULOSE

$(C^{12}H^{20}O^{10})^n$

1. La *cellulose* est la substance la plus répandue dans les tissus végétaux, c'est elle qui constitue les parois des jeunes cellules végétales. Dans les cellules âgées comme les fibres et les vaisseaux, elle existe aussi, mais elle est incrustée de substances étrangères qui lui donnent de la rigidité; on l'appelle alors *ligneux* ou *bois*. Chez les animaux, au contraire, les membranes cellulaires ne sont jamais imprégnées de cellulose, sauf chez les tuniciers. C'est là une distinction importante entre les animaux et les végétaux.

L'analyse de la cellulose a montré qu'elle était composée uniquement de carbone, d'hydrogène et d'oxygène proportionnellement aux nombres 6, 10 et 5 ; mais comme on n'a pu déterminer son poids moléculaire, la formule de sa molécule est un multiple de celle que donne sa composition chimique $(C^6H^{10}O^5)$ (2e *année*, § 151). Pour des raisons d'analogie dans la fonction chimique avec d'autres corps à composition définie, on écrit cette formule $(C^{12}H^{20}O^{10})^n$.

Ces autres corps, dont le plus important est le sucre ordinaire, renferment également dans leur molécule 6 atomes de carbone ou un multiple de 6, associés à 2 fois plus d'hydrogène que d'oxygène; c'est ce qui leur fait donner quelquefois le nom, d'ailleurs impropre, d'**hydrates de carbone** (combinaison de carbone et d'eau).

La cellulose est donc un **hydrate de carbone.**

Nous n'aurons pas à préparer de cellulose, car la moelle de sureau, le vieux linge de chanvre ou de lin, le coton, le papier non collé sont constitués par de la cellulose à peu près pure.

2. Propriétés.

La cellulose est une substance solide, blanche, insoluble dans tous les liquides sauf dans *la liqueur de Schweitzer* ou solution ammoniacale d'oxyde de cuivre. Elle est précipitée de cette dissolution sous forme d'une gelée floconneuse, lorsqu'on y verse un acide tel que l'acide chlorhydrique.

La cellulose brûle; si on la chauffe en vase clos, elle se décompose et laisse un résidu de charbon. Le chlore et les solutions concentrées d'hypochlorites (v. cours de 1re *année*) la détruisent, aussi dans les opérations de blanchiment ne faut-il se servir de ces substances qu'en solutions très diluées.

Action de l'acide sulfurique. — Si l'on trempe quelques instants du papier filtre dans de l'acide sulfurique ordinaire et qu'on le lave aussitôt dans une dissolution ammoniacale, puis dans de l'eau, il devient translucide et prend l'aspect et la consistance du parchemin; on l'appelle **parchemin végétal**, et il est employé dans les expériences d'osmose.

Action de l'acide azotique. — L'acide un peu étendu, chauffé avec de la cellulose, l'oxyde et donne de l'acide oxalique avec dégagement de vapeurs nitreuses.[La potasse a d'ailleurs la même action, et c'est ce qui permet d'obtenir industriellement l'acide oxalique (§ 91) au moyen de la sciure de bois et de la potasse.]

Si, au lieu d'employer l'acide chaud, on emploie de l'acide *fumant* et *froid*, ou mieux un mélange d'acide azotique et d'acide sulfurique, on obtient différents produits appelés **celluloses nitriques** dont la composition varie suivant les proportions d'acide azotique et d'acide sulfurique. Les plus importants sont le *coton-poudre* et le *collodion*.

3. Coton-poudre.

Pour fabriquer le *coton-poudre* ou *fulmicoton*, on fait un mélange de 1 volume d'acide azotique fumant pour 3 volumes d'acide sulfurique concentré. Le mélange s'échauffe, et ce n'est qu'après son refroidissement qu'on y introduit du coton ordinaire. Ce coton est retiré au bout de trente minutes environ, lavé à grande eau et séché; il constitue alors le coton-poudre, qui a l'aspect du coton ordinaire, mais qui est plus rugueux, s'enflamme très facilement et brûle sans laisser de résidu, car tous les produits de sa combustion sont gazeux.

Son inflammation facile et ses propriétés explosives font employer le coton-poudre pour les travaux de mines et les torpilles; il est alors fortement comprimé et on le fait détoner par une amorce. On l'emploie aussi dans la fabrication de la *poudre sans fumée*. C'est un explosif très brisant dont les effets mécaniques sont bien plus puissants que ceux qui peuvent être obtenus avec la poudre ordinaire.

4. Collodion.

La cellulose octonitrique, obtenue avec un mélange à volumes égaux d'acide sulfurique et d'acide azotique concentrés, est soluble dans un mélange de 3 parties d'éther pour 1 partie d'alcool; la solution visqueuse obtenue est le collodion. Versée en couche mince sur un objet, cette solution y forme, par évaporation de l'alcool et de l'éther, une pellicule transparente, imperméable, résistante et insoluble dans l'eau.

C'est cette propriété qui permet d'employer le collodion en photographie pour la préparation des plaques sensibles : il forme à la surface des plaques de verre une pellicule homogène, et les épreuves négatives obtenues sont d'une grande finesse. C'est encore pour la même raison qu'on emploie le collodion en médecine pour recouvrir les plaies et les préserver du contact de l'air.

Enfin le collodion sert à la fabrication d'une partie de la soie artificielle, celle qu'on désigne sous le nom de *soie Chardonnet*. On l'obtient en comprimant du collodion de manière à le faire passer par des tubes extrêmement fins (un dixième de millimètre de diamètre environ). A mesure qu'il sort de ces tubes, le collodion se solidifie par évaporation de l'éther et de l'alcool, et l'on obtient un fil d'aspect brillant comme de la soie. Mais ce fil est très inflammable, et par suite dangereux à employer; aussi lui fait-on subir la **dénitration** avant de le livrer au commerce; on le trempe dans des bains capables d'enlever l'acide azotique qu'il contient (bains de sels cuivreux, de chlorure ferreux, etc.). Au sortir de ces bains, la soie artificielle est, en somme, revenue à l'état de cellulose et, comme telle, n'est pas plus inflammable que le coton ordinaire. On fait aussi de la soie artificielle en dissolvant de la cellulose dans la liqueur de Schweitzer.

En définitive, la soie artificielle s'obtient à partir du coton ou d'autres variétés de cellulose, et au moyen de procédés peu coûteux, qui permettent de la vendre à un prix modéré relativement à la soie naturelle (20 francs le kilogrammes au lieu de 50 francs). Aussi est-elle employée en assez grande quantité, particulièrement pour les tentures, pour les galons, la passementerie, etc. On peut très facilement la teindre et la tisser; mais elle est souvent moins tenace que la soie naturelle, et elle perd parfois une grande partie de sa résistance au contact de l'eau; c'est ce qui restreint ses usages. Sa production actuelle est d'environ 5 millions de kilogrammes.

5. Celluloïd.

Les celluloses nitrées servent encore dans la fabrication du celluloïd. Ce corps s'obtient en comprimant un mélange de nitro-cellulose et de camphre imbibé d'alcool; on peut y ajouter des matières colorantes. Le produit obtenu est dur, mais se ramollit vers 80° et peut alors se mouler et se travailler. On l'emploie pour faire un grand nombre d'objets: manches de couteaux, peignes, objets divers imitant l'ivoire, l'ambre ou l'écaille. Il sert aussi pour faire des cols, des manchettes, des plastrons qui se lavent facilement. Tous ces objets sont **très inflammables** et brûlent rapidement dès qu'ils sont portés à 240°.

PAPIER

6. Matières premières.

La principale application de la cellulose est la fabrication du *papier*. Les matières premières employées sont : les chiffons de lin, de chanvre et de coton, les pailles des céréales, les fibres contenues dans les feuilles d'*alfa*, d'*aloès*, de *sparte*, et surtout le *bois*. Pendant longtemps, les vieux chiffons ont suffi à cette fabrication. Puis, l'industrie du papier a pris une extension si considérable qu'il a fallu chercher d'autres sources de cellulose, et actuellement le papier de chiffons n'est fabriqué qu'en quantité minime relativement aux papiers faits avec du bois ou de l'alfa.

Quelles que soient les matières premières employées, elles sont réduites en pâte, puis étendues en couches très minces qui, par dessiccation, constituent les feuilles de papier. La fabrication du papier comporte donc deux séries d'opérations : 1° préparation de la pâte ; 2° transformation de la pâte en feuilles.

7. Préparation de la pâte.

Pâte de chiffons. — On commence par trier les chiffons pour enlever ceux de soie et de laine qui ne peuvent servir à faire le papier, et qu'on tisse généralement, pour faire de nouvelles étoffes. Puis les chiffons de lin, de chanvre et de coton sont **lessivés** par une solution alcaline, **effilochés** au moyen de cylindres armés de lames peu tranchantes, qui réduisent les chiffons en fibrilles (*fig.* 1). Ces fibrilles forment avec l'eau une pâte plus ou moins colorée qu'il faut **blanchir**. Le blanchiment s'effectue, soit au chlore gazeux, soit au chlore provenant d'un chlorure décolorant, et dans ce cas, il suffit d'ajouter le chlorure à la pâte, dans la cuve à effilochage. On enlève le chlore en excès au moyen d'un lavage à l'eau chargée de carbonate de sodium; quand ce lavage est mal fait, le chlore attaque les fibres de cellulose et le papier obtenu est de mauvaise qualité.

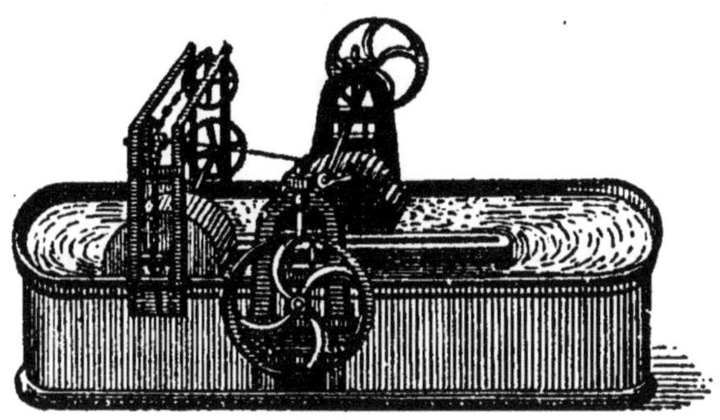

Fig. 1. — Pile effilocheuse.

Pâte de bois. — Les essences les plus recherchées sont les bois tendres et peu colorés : épicéa, sapin, tremble, bouleau. Deux procédés sont employés pour fabriquer la pâte :

1° **Procédé mécanique.** — On râpe le bois contre une meule de grès, pour obtenir une poudre plus ou moins fine que l'on transforme en pâte. Le papier obtenu par ce procédé est d'un prix peu élevé, mais il est peu résistant;

2° **Procédé chimique.** — Dans ce procédé, après avoir réduit le bois en copeaux, on le chauffe en vase clos avec une lessive de bisulfite de calcium, qui dissout les résines et sépare les fibres. La pâte obtenue peut servir immédiatement pour les papiers d'emballage ; elle est blanchie au préalable par du chlorure de chaux, si l'on veut faire du papier blanc.

Pâte d'alfa et de paille. — Après avoir coupé les feuilles d'alfa ou la paille en menus fragments, on les chauffe en vase clos avec une lessive de soude qui isole la cellulose; puis la matière est lavée et convertie en pâte.

Raffinage. — Quelle que soit l'origine de la pâte, il faut la soumettre à un second effilochage au moyen d'un cylindre à lames très rapprochées qui la réduit en fines particules. L'appareil employé s'appelle *raffineuse*. C'est pendant le raffinage qu'on ajoute la colle, mélange de substances qui doivent rendre le papier imperméable; on ajoute aussi, s'il y a lieu, des matières colorantes, et divers corps, kaolin, sulfate de baryum, destinés à donner du poids au papier.

8. Transformation de la pâte en feuilles.

1° *Papier à la forme.* — Les feuilles de papier se fabriquent, soit à la main, soit à la mécanique. Dans le premier cas, on verse la pâte dans une forme, sorte de cadre dont le fond est une toile métallique. L'eau filtre, et il reste sur le cadre une couche très mince que l'on comprime entre des plaques de feutre, puis que l'on fait sécher.

Ce procédé n'est guère employé que pour les papiers de luxe (*papier de Hollande*), pour le papier timbré, les billets de banque, le papier à dessin. Le *collage* de ces papiers se fait toujours superficiellement : après la dessiccation des feuilles, on les trempe dans une dissolution étendue de colle forte et d'alun. C'est pour cette raison qu'on ne peut écrire sur du papier timbré à l'endroit où il y a eu un grattage.

2° *Papier à la mécanique.* — La presque totalité du papier est fabriquée à la mécanique. La pâte est versée sur une toile métallique sans fin, qui l'entraîne avec elle et la fait égoutter (*fig.* 1 *bis*).

La feuille passe alors entre deux cylindres recouverts de feutre qui absorbent une partie de son eau, puis sur des cylindres en fonte ou en cuivre qui sont chauffés, et qui polissent et dessèchent complètement le papier. La fabrication est continue; sans cesse de la pâte est versée à une extrémité de l'appareil, tandis que de l'autre sort le papier qu'on enroule sur un tambour ou qu'on découpe mécaniquement s'il y a lieu.

Le papier à la mécanique est presque toujours collé dans

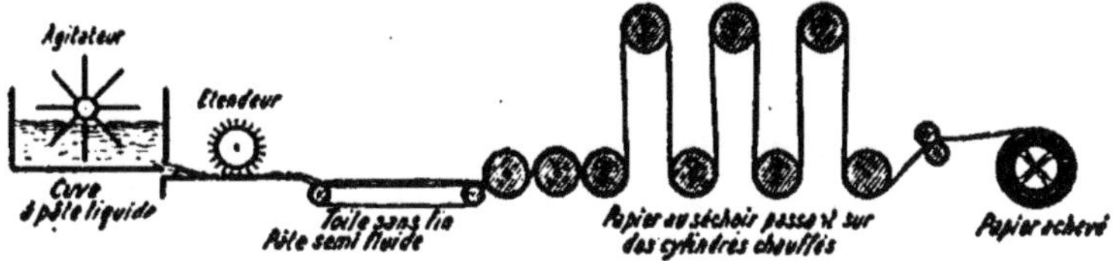

Fig. 1 *bis*. — Représentation schématique des phases de la fabrication du papier.

toute sa masse par l'addition, dans la pâte, de gélatine, d'alun et de sulfate d'aluminium; ou bien d'un mélange de colophane, de soude et de fécule. Le papier buvard et le papier filtre ne sont pas encollés.

9. Usages du papier.

On fabrique actuellement une variété considérable de papiers dont les usages sont extrêmement nombreux et importants. La consommation annuelle du papier est d'environ 2 millions de tonnes, ce sont surtout les journaux, les livres et les revues qui en consomment le plus. D'immenses forêts sont détruites en quelques années pour la fabrication du papier; on estime que les trente mille journaux quotidiens du monde consomment par jour environ 1.000 tonnes de pâte de bois, et que chaque année il est employé 1 milliard et quart de mètres cubes de bois pour alimenter l'industrie du papier. Aussi entrevoit-on le moment où les forêts ne pourront plus suffire à cette fabrication, et l'industrie du papier peut être considérée comme l'une des causes les plus importantes du déboisement.

Outre ses usages pour l'impression, l'écriture, l'emballage, etc., le papier a quelques applications intéressantes.

En comprimant fortement la pâte à papier, on obtient un produit très résistant, susceptible de nombreux usages, à cause des formes multiples qu'on peut faire prendre à la pâte avant sa compression ; on l'emploie pour faire des cadres, des plateaux, des bouteilles, des cuvettes, des cols, des manchettes, etc. On s'en sert également en Amérique pour faire des rails, des roues de wagons, des moulures d'appartements, des portes, des plafonds et jusqu'à des maisons entières. L'Europe, en particulier l'Angleterre, possède maintenant de nombreuses fabriques d'objets de carton comprimé.

10. Expériences. — Fabriquer de la liqueur de Schweitzer : on verse de l'ammoniaque dissous sur de la tournure de cuivre placée dans un tube (*fig.* 2), puis on verse le liquide recueilli sur le cuivre et on opère ainsi un grand nombre de fois jusqu'à ce que le liquide soit d'un bleu *très foncé*. Mettre des fragments de papier filtre ou de l'ouate dans la liqueur obtenue et agiter ; ils disparaissent bientôt. Si l'on y verse alors un peu d'acide chlorhydrique, on voit se précipiter des flocons gélatineux de cellulose.

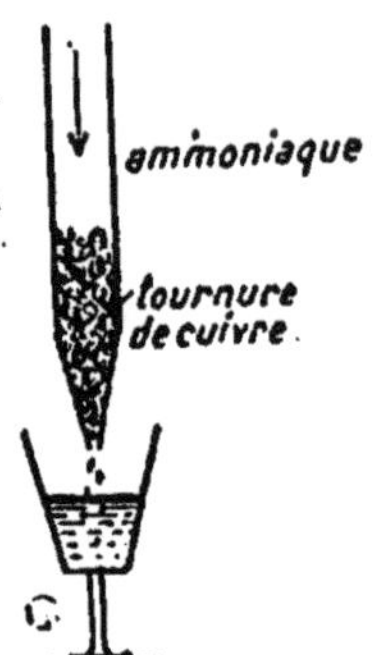

FIG. 2. — Préparation de la liqueur de Schweitzer.

Papier. — Examiner plusieurs échantillons de papier : papier de cahier, de journal, d'emballage, papier à cigarette, papier couché, papier à dessins, papier filtre, etc.

Parchemin végétal. — Faire un mélange à volumes égaux d'acide sulfurique et d'eau. Y laisser tremper vingt secondes environ une feuille de papier filtre. La sortir, la laver dans une dissolution ammoniacale, puis dans l'eau et la laisser sécher : on a du parchemin végétal.

Coton-poudre. — Préparer du coton-poudre comme il a été dit dans la leçon, en ayant soin de bien diviser l'ouate employée et de bien l'imbiber du mélange des acides à l'aide d'un agitateur. Quand il est bien sec, l'enflammer sur une soucoupe ; il brûle en un instant, sans laisser de cendres ; la combustion est si rapide qu'on peut l'enflammer dans le creux de la main sans être brûlé.

Montrer du collodion, de la soie artificielle facile à se procurer dans les échantillons de passementerie.

CHAPITRE II

MATIÈRE AMYLACÉE : AMIDON

DEXTRINE. — GOMMES

PLAN

Matière amylacée

I État naturel	Graines, tubercules, racines, tiges, feuilles, fruits d'un grand nombre de végétaux. L'*amidon* provient des graines de céréales. La *fécule* provient des tubercules de pomme de terre.	
II Propriétés	*Action de l'eau*	Insoluble dans l'eau froide. Se gonfle dans l'eau à 60° : *empois* d'amidon.
	Transformation en dextrine et en sucre	1° par la *chaleur.* 2° par les *acides* étendus et chauds. 3° par la *diastase* de l'orge germée, de la salive, etc.
	Applications de cette transformation : fabrication de la dextrine, du glucose, de l'alcool de grains et de pommes de terre, de la bière.	
III Extraction	1° de l'*amidon* du blé	a) Procédé mécanique pour séparer le gluten de l'amidon (lavage). b) Procédé par fermentation.
	2° de la *fécule* de pomme de terre	Procédé mécanique pour séparer la fécule des débris de cellules de la pomme de terre (lavages).
IV Usages	Apprêt du linge, des tissus. Encollage des papiers. Fabrication des dextrines et du glucose, etc.	

Dextrines

I Préparation	On transforme l'amidon ou la fécule par un acide étendu.
II Propriétés	Soluble dans l'eau : la dissolution donne un liquide sirupeux. Se transforme en glucose par les acides étendus ou la diastase.
III Usages	Apprêt des tissus, encollage des papiers, etc.

Gommes

I Propriétés	Se dissolvent dans l'eau ou se gonflent en donnant un liquide visqueux.
II Diverses espèces de gommes	Gomme arabique. Gomme de pays. Gomme adragante. Mucilages. Principes pectiques des fruits (substances voisines des gommes).
III Usages	Propriétés émollientes et adoucissantes employées en médecine. Apprêt des étoffes, fabrication de l'encre, du papier gommé, etc.

11. Propriétés générales.

On retire d'autres substances organiques de la majeure partie des tissus végétaux. Ces substances, *amidon*, *dextrine*, *gommes*, sont, comme le cellulose, des hydrates de carbone. Elles sont toutes amorphes, fixes (1), insolubles dans l'alcool et dans l'éther.

MATIÈRE AMYLACÉE

$C^6H^{10}O^5$

12. On désigne sous le nom de matière amylacée ou amidon un hydrate de carbone qui existe dans les graines des céréales (blé, avoine, riz, maïs...) et des légumineuses (haricots, fèves, pois, lentilles); dans les tubercules de la pomme de terre; dans les bulbes de tulipe, les racines de carotte, de rhubarbe, de guimauve; dans les fruits du chêne et du châtaignier, dans les feuilles de tous les végétaux, etc.

On désigne plus spécialement sous le nom d'*amidon* la matière amylacée extraite des graines de céréales; et sous le nom de *fécule*, celle qui est extraite de la pomme de terre et de divers tubercules.

13. Propriétés de l'amidon.

La matière amylacée est une poudre blanche, formée de grains de dimensions variables; les grains d'amidon (*fig.* 3) ont environ $0^{mm},050$ de diamètre, tandis que ceux de la fécule peuvent avoir de $0^{mm},140$ à $0^{mm},185$ (*fig.* 4). Tous sont formés d'une série de couches emboîtées les unes dans les autres, et qu'on peut mettre en évidence en mouillant les grains avec de l'eau chaude. La matière amylacée est insoluble dans l'eau froide. Dans l'eau à 60°, elle l'est également; mais les grains se gonflent jusqu'à devenir 30 fois

(1) Une substance fixe est une substance non volatile.

plus volumineux; leurs enveloppes se déchirent, et l'amidon se prend en une masse gélatineuse et translucide qu'on appelle **empois**.

Le réactif de l'amidon est l'*iode ;* ce corps donne à l'empois une coloration bleue intense qui disparaît à chaud et reparaît par le refroidissement.

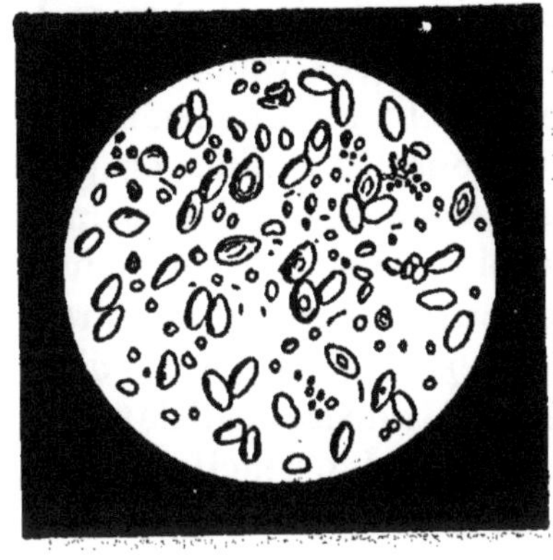

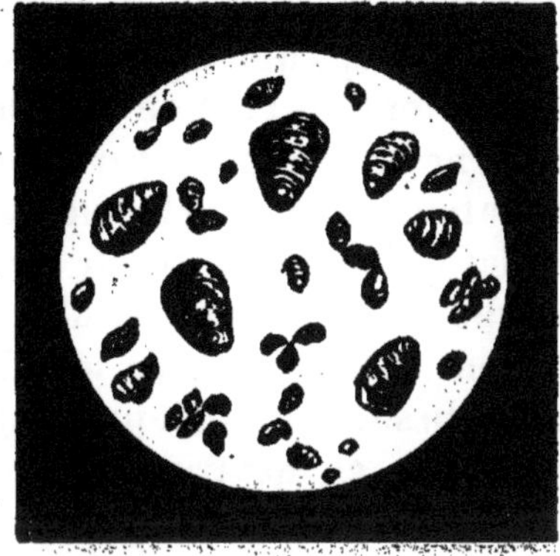

FIG. 3. — Grains d'amidon. FIG. 4. — Grains de fécule.

(Très grossis, vus au microscope.)

Transformation en dextrine et en glucose. — La propriété essentielle de la matière amylacée est de pouvoir se transformer, dans certaines conditions, en *dextrine* et en *glucose* (§ 25).

1° Sous l'action de la **chaleur**, la matière amylacée se transforme d'abord, à 100°, en une variété d'amidon soluble dans l'eau (**amidon soluble**). Puis, à 160°, elle se transforme, sans changer de composition, en un corps nouveau, soluble dans l'eau, d'apparence gommeuse et caractérisé par ce fait qu'il ne bleuit pas au contact de l'iode : c'est la **dextrine**. Enfin, au-dessus de 210°, l'amidon brunit et se décompose en perdant de l'eau;

2° Les **acides minéraux** étendus et chauds transforment de même l'amidon en amidon soluble, puis en dextrine, et si leur action se prolonge, ils donnent une matière sucrée, le glucose par hydratation :

$$\underset{\text{amidon}}{C^6H^{10}O^5} + H^2O = \underset{\text{glucose}}{C^6H^{12}O^6} ;$$

3° Enfin, sous l'influence de la diastase qui se développe dans les graines d'orge pendant la germination, l'amidon se transforme en amidon soluble, puis en dextrine et en maltose; ce corps qui appartient au groupe des glucoses peut fermenter sous l'action de la levure de bière. Le même phénomène se produit naturellement dans les graines en germination; alors il se forme des substances solubles assimilables qui peuvent servir au développement de la plante, tandis que l'amidon, insoluble, ne pourrait être assimilé directement. La diastase de la salive (*ptyaline*) et une des diastases du suc pancréatique (*amylase*) [1] transforment de même l'amidon en dextrine et en glucose et permettent ainsi l'assimilation des aliments féculents dans notre organisme.

La transformation de l'amidon en glucose ou en maltose a une grande importance pratique, car elle est appliquée dans plusieurs industries : 1° on fabrique le glucose au moyen de la fécule et de l'acide sulfurique étendu; 2° la bière, les alcools de grains et de pommes de terre sont obtenus par la fermentation alcoolique des glucoses qui proviennent de l'amidon des céréales ou de la fécule de pomme de terre.

14. Extraction de l'amidon.

On retire surtout l'amidon des grains de blé. La farine provenant de ces grains renferme, outre la matière amylacée, une substance azotée capable de se putréfier et qu'on appelle *gluten*. Il faut donc séparer l'amidon du gluten, ce qu'on peut faire par deux procédés différents :

1° *Procédé mécanique.* — Nous savons (2e *année*, § 146) que,

(1) Voir *Cours d'Histoire naturelle*.

si l'on réduit de la farine en pâte et qu'on la malaxe sous un filet d'eau, l'amidon est entraîné par l'eau, tandis que le gluten reste dans la main. On emploie un procédé identique dans l'industrie. La pâte est pétrie et lavée mécaniquement dans une auge demi-cylindrique appelée *amidonnière*. L'amidon est entraîné par l'eau mais il contient encore des traces de gluten dont il faut le débarrasser ; on y ajoute quelques centièmes d'une *eau sure* provenant d'une fermentation précédente, cette eau détermine la fermentation du gluten et le fait disparaître en produits volatils ou solubles. Au bout de quelques jours, l'amidon ainsi purifié est lavé, égoutté sur des toiles, puis desséché dans une étuve. Le retrait qu'il éprouve en se desséchant fait diviser la masse en prismes irréguliers et c'est sous cette forme qu'il est livré au commerce.

Le procédé précédent est assez rapide, et il a l'avantage de conserver intact le gluten qui a une grande importance industrielle, puisqu'il entre pour une notable proportion dans les pâtes alimentaires : pâtes d'Italie, vermicelle, macaroni, etc. Mais ce procédé ne pourrait être employé pour les farines avariées, parce que le gluten de ces farines a perdu ses propriétés élastiques qui lui permettaient de s'agglutiner, et il serait entraîné comme l'amidon en grains isolés.

Pour les farines de mauvaise qualité, on emploie un autre procédé dit *de fermentation*.

2° *Procédé par fermentation.* — On utilise ce fait que l'amidon est imputrescible, tandis que les autres matières organiques de la farine peuvent fermenter. On délaye les farines dans de l'eau, et on y ajoute des *eaux sures* provenant d'opérations antérieures. Le gluten fermente, dégage de l'ammoniaque, de l'acide sulfhydrique et d'autres produits infects; les matières sucrées des farines se décomposent aussi, mais l'amidon reste inaltéré. Quand la fermentation est terminée, ce qui a lieu après 15 ou

20 jours, on recueille l'amidon qui s'est déposé au fond des cuves, on le lave, puis on le sèche comme précédemment.

Ce procédé a l'inconvénient de produire des gaz fétides et insalubres. Aussi n'est-il appliqué qu'aux farines ne pouvant être traitées par le premier procédé.

15. Extraction de la fécule.

Les tubercules de pommes de terre, bien lavés, sont réduits en pulpe au moyen d'une râpe qui déchire les cellules. Puis la pulpe est lavée sous un filet d'eau dans un tamis qui laisse passer l'eau chargée de fécule, et retient

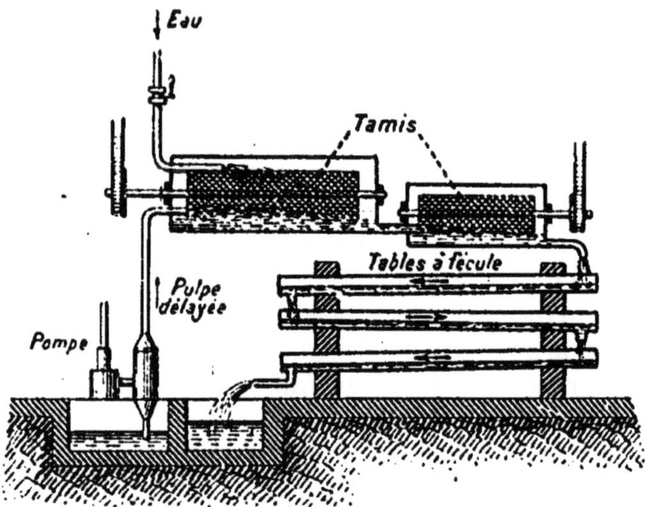

Fig. 5. — Préparation de la fécule.

les débris des cellules (*fig.* 5). La fécule est reçue sur des tables légèrement inclinées où elle se sépare de l'eau. Par des lavages méthodiques, on la débarrasse complètement des débris de cellules entraînés, puis on l'égoutte et on la sèche d'abord à l'air, ensuite dans une étuve à air chaud. Les résidus qui sont restés sur le tamis servent à la nourriture des bestiaux.

16. Usages.

L'amidon sert surtout à empeser le linge; on l'utilise aussi en médecine. La fécule sert en grande quantité dans la fabrication des dextrines et du glucose, dans l'encollage des papiers; on s'en sert pour épaissir les couleurs destinées à la teinture des étoffes, et pour apprêter certains tissus. On l'emploie aussi en économie domestique pour la confection de sauces et de certains gâteaux.

Le tapioca est la fécule extraite de la racine d'une plante exotique, le manioc. L'arrow-root s'extrait des racines du maranta des Antilles, et le sagou, de la moelle de divers palmiers.

DEXTRINES

Formule : $C^6H^{10}O^5$

17. Les dextrines se forment par l'action des acides étendus, de la diastase de l'orge germée, ou de la chaleur sur la matière amylacée. Il en existe plusieurs espèces, se distinguant les unes des autres par leur action sur l'iode et par leur solubilité dans l'alcool plus ou moins concentré. La plus employée se colore faiblement en rouge fauve par l'iode. On l'obtient industriellement en mouillant de la fécule avec de l'eau additionnée d'acide azotique et en desséchant la pâte obtenue, d'abord à l'air libre, puis dans une étuve à 100°; la transformation en dextrine est terminée au bout d'une heure et demie environ.

Le corps obtenu est un solide blanc jaunâtre, qui se dissout dans l'eau en formant un liquide sirupeux. Les acides étendus le transforment en glucose, et la diastase de l'orge germée le transforme en maltose.

La dextrine est employée pour apprêter les tissus de coton, pour encoller les papiers, pour épaissir les mordants et les couleurs en teinture, pour encoller les bandages dont se servent les chirurgiens quand ils veulent maintenir les membres immobiles après la réduction d'une fracture. En somme, la dextrine remplace la gomme arabique (§ 20) dans un grand nombre de ses applications.

GOMMES

18. Les gommes sont des matières végétales neutres, ayant même composition que la dextrine. Elles sont solides, incristallisables, et se dissolvent dans l'eau ou se gonflent à son contact en donnant un liquide visqueux.

Fig. 6. — Acacia à gomme.

Les principales espèces de gommes sont : la *gomme arabique*, sécrétée par divers acacias de l'Arabie et du Sénégal (*fig.* 6); — les gommes qui sont produites par la plupart de nos arbres fruitiers (pruniers, cerisiers, etc.); la *gomme adragante*, sécrétée par des arbustes d'Asie Mineure et de Perse, etc.

19. Mucilages.

On rapproche des gommes les mucilages, substances mal définies encore, contenues dans les graines du lin et du coing, dans les racines de la guimauve. Ces substances se gonflent dans l'eau, en donnant une gelée transparente, et cette propriété est appliquée dans la fabrication de la gelée de coings.

De même, certains fruits (poires, pommes) et certaines racines (carottes, navets) contiennent une matière analogue aux gommes et qu'on appelle la **pectine**. Cette substance se transforme, sous l'influence d'un principe contenu dans les fruits, en acide pectique gélatineux. C'est ce qui permet la fabrication des gelées et des confitures.

20. Usages des gommes et des mucilages.

Les gommes et les mucilages ont des usages nombreux. Leurs propriétés émollientes et adoucissantes sont fréquemment employées en médecine (cataplasmes de farine de lin, tisanes de racines de guimauve, pastilles de gomme). Dans l'industrie, on utilise les gommes pour apprêter les étoffes, pour épaissir les couleurs et les mordants, pour lustrer les tissus; on s'en sert dans la fabrication du cirage, de l'encre, du papier gommé, etc.

Pour ces derniers usages, les gommes sont souvent remplacées par la dextrine, qui coûte moins cher.

21. Expériences. — Préparer de la fécule de pomme de terre en râpant des tubercules bien épluchés, puis en malaxant la pulpe obtenue sous un filet d'eau jusqu'à ce que le liquide ne soit plus laiteux. Recueillir l'eau, laisser déposer et décanter, puis sécher sur du buvard. Préparer de même de l'amidon en employant la farine. Montrer comment se fait l'empois d'amidon. Y ajouter, lorsqu'il est refroidi, une goutte de teinture d'iode, et agiter le liquide; il devient bleu.

Transformer de l'amidon en dextrine en le chauffant dans un ballon avec de l'eau additionnée de quelques gouttes d'acide sulfurique. Le liquide devient clair; on y ajoute un peu de chaux pour neutraliser l'acide, on décante le liquide et on y verse une goutte de teinture d'iode; le liquide se colore en rouge fauve, ce qui indique la présence de dextrine. Pour transformer l'amidon en glucose, il faudrait chauffer plusieurs heures; on s'aperçoit que la transformation est effectuée lorsque l'iode n'a plus d'action sur le liquide et lorsque la liqueur de Fehling y produit un précipité rougeâtre.

Montrer que la dextrine donne avec l'eau une sorte de colle même résultat avec les gommes.

CHAPITRE III

GLUCOSE. — SACCHAROSE.

PLAN

- **I Sucres**
  - **Propriétés générales** : Saveur sucrée. Composition : carbone, hydrogène et oxygène.
  - **Classification**
    - 1° *Glucoses* : *Glucose* proprement dit. *Lévulose* ou sucre de fruits.
    - 2° *Saccharoses* (sont formés par 2 molécules de glucose, moins 1 molécule d'eau) : *saccharose* ou sucre ordinaire. *lactose* ou sucre de lait.
  - **Caractères des glucoses** ($C^6H^{12}O^6$)
    - Sont *réducteurs* : Réduisent l'azotate d'argent. Réduisent la liqueur de Fehling, etc.
    - Fermentent *directement* en donnant alcool et gaz carbonique.
  - **Caractères des saccharoses** ($C^{12}H^{22}O^{11}$) : Ne fermentent pas directement, mais doivent être au préalable *intervertis*, c'est-à-dire transformés par hydratation en un mélange de 2 glucoses.
- **II Glucoses**
  - **1° Glucose proprement dit**
    - **Préparation** : On hydrate la fécule sous l'action de l'acide sulfurique étendu : $C^6H^{10}O^5 + H^2O = C^6H^{12}O^6$.
    - **Propriétés** : Il fermente directement. Il brunit par la potasse à l'ébullition.
    - **Usages.**
  - **2° Lévulose ou sucre de fruits.**
- **III Saccharoses**
  - **1° Sucre de canne ou sucre ordinaire**
    - **Propriétés**
      - Action de la chaleur : sucre d'orge. caramel. charbon.
      - **Interversion du sucre** : par les acides étendus et bouillants. par les diastases (invertine de la levure de bière).
  - **2° Lactose ou sucre de lait** : Existe dans le petit-lait.

22. Sucres.

On désigne sous le nom de sucres divers composés caractérisés par leur saveur douce ; tels le *glucose*, le *lévulose* ou sucre de fruits qu'on trouve sur les pruneaux, les raisins desséchés ; d'autres sucres comme le sucre de canne ou de betterave, le sucre de lait, sont formés par la combinaison de 2 molécules de glucose et de lévulose, avec élimination d'une molécule d'eau.

On classe ces diverses sortes de sucre en deux séries d'après leurs propriétés chimiques : 1° le groupe des glucoses ; 2° le groupe des saccharoses.

23. Propriétés distinctives des glucoses et des saccharoses.

1° *Glucoses.* — Les corps désignés sous le nom de glucoses ont pour formule générale $C^6H^{12}O^6$. Ce sont des corps réducteurs. En particulier, ils réduisent la *liqueur de Fehling*, ou liqueur cupro-potassique (§ 34), en donnant un précipité rouge orangé d'oxyde cuivreux. L'expérience se fait en ajoutant un peu de glucose à la liqueur portée à l'ébullition.

Enfin, les glucoses sont caractérisés par ce fait qu'ils peuvent *subir directement la fermentation alcoolique* (§ 45), donnant lieu à la production d'alcool éthylique et d'anhydride carbonique.

Il semble que ce soit la réaction suivante qui se produise :

$$\underset{\text{glucose}}{C^6H^{12}O^6} = \underset{\text{gaz carbonique}}{2CO^2} + \underset{\text{alcool éthylique}}{2(C^2H^5OH)}.$$

2° *Saccharoses.* — Les saccharoses ont pour formule générale $C^{12}H^{22}O^{11}$. Ils n'ont aucune action sur la liqueur de Fehling. Ils *ne fermentent pas directement;* mais ils se transforment d'abord en sucre interverti, mélange de deux glucoses, par fixation d'une molécule d'eau; et ce sont ces glucoses qui fermentent :

$$\underset{\text{saccharose proprement dit}}{C^{12}H^{22}O^{11}} + \underset{\text{eau}}{H^2O} = \underset{\text{glucose}}{C^6H^{12}O^6} + \underset{\text{lévulose}}{C^6H^{12}O^6}.$$

GLUCOSES

A. — Glucose proprement dit ou sucre de raisin

Formule : $C^6H^{12}O^6$. — Masse moléculaire : 180.

24. État naturel.

Le glucose est une matière sucrée qui existe dans un grand nombre de végétaux ; il est associé au sucre de fruits ou fructose, dans les raisins, les prunes, les figues, à la surface desquels il forme des efflorescences blanches quand ces fruits sont desséchés. Il existe aussi dans le miel.

25. Préparation.

Tout le glucose vendu dans le commerce se fabrique industriellement par l'action de l'acide sulfurique étendu sur la *fécule* $C^6H^{10}O^5$; il y a hydratation de ce corps et transformation en glucose :

$$\underset{\text{fécule}}{C^6H^{10}O^5} + H^2O = \underset{\text{glucose}}{C^6H^{12}O^6}.$$

Dans un grand cuvier en bois, on introduit de l'eau additionnée d'une faible proportion d'acide sulfurique. Le liquide est chauffé par des jets de vapeur à haute pression qui viennent s'y condenser. Lorsqu'il bout, on y ajoute peu à peu la fécule délayée dans de l'eau tiède, et l'opération est terminée en moins de trois quarts d'heure. On reconnaît qu'il en est ainsi quand le liquide froid ne se colore plus en violet par l'iode (ce qui prouve qu'il n'y a plus de fécule) et quand il ne précipite plus par l'alcool concentré. On arrête alors l'arrivée de la vapeur, et on sature l'acide sulfurique par de la craie ; du sulfate de calcium se dépose. On décante la liqueur, on la décolore sur du noir animal, et on la fait évaporer jusqu'à ce qu'elle marque 27 à 30° Baumé. On obtient ainsi le *sirop de glucose* ou *sirop de fécule*, qui sert dans la fabrication des bières, des pains d'épices, des sirops. Abandonné à lui-même dans des tonneaux, il laisse déposer, quand il a été suffisamment concentré, des petits cristaux de *glucose granulé*, plus purs que le sirop.

Enfin, lorsqu'on évapore la liqueur jusqu'à ce qu'elle marque **40 à 41°** Baumé, elle se solidifie par le refroidissement en une masse amorphe, constituant le *glucose en masse*.

20. Propriétés.

Le glucose se trouve dans le commerce à l'état de sirop, de masses amorphes, ou de cristaux agglomérés, de formule $C^6H^{12}O^6 + H^2O$. Il est d'un blanc jaunâtre, inodore, d'une saveur sucrée beaucoup moins prononcée que celle du sucre de canne ou de betterave; il sucre, en effet, deux fois et demie moins. Il est soluble dans l'eau et dans l'alcool étendu, mais presque insoluble dans l'alcool concentré.

1° *Action de la chaleur.* — Chauffé, le glucose se ramollit vers 60°, puis il fond et perd son eau de cristallisation à 100°. Chauffé davantage, il se décompose et se transforme en caramel et en eau, puis en charbon et en eau;

2° *C'est un réducteur.* — Le glucose est un réducteur; son action réductrice sur la liqueur de Fehling permet de reconnaître la présence du glucose dans une substance et de le doser. Il réduit les sels de mercure, d'argent, d'or, à l'ébullition, et surtout en présence des alcalis;

3° *Le glucose fermente directement*, sous l'action de la levure de bière (§ 45), et se transforme en alcool et en gaz carbonique. C'est ce qui permet d'employer parfois le glucose dans la fabrication de la bière et des liqueurs;

4° *Action des bases.* — Les alcalis concentrés brunissent le glucose en le décomposant. On utilise cette propriété pour reconnaître la présence du glucose dans la cassonade ou dans d'autres produits sucrés : on chauffe quelques grammes de cette substance avec une dissolution concentrée de potasse ou de soude. Si la liqueur brunit, c'est que la substance donnée contient du glucose.

27. Usages.

Le glucose est très employé dans la fabrication de la bière, des liqueurs, du pain d'épices, des fruits confits, etc.; sa production en France est d'environ 24.000 tonnes dont 6.000 employées par les brasseries, il sert aussi à renforcer le titre alcoolique des vins faits avec des raisins insuffisamment sucrés. Enfin, on l'emploie pour falsifier les cassonades[1], falsification qu'il est facile de déceler par la liqueur de Fehling ou la potasse, qui n'ont aucune action sur la cassonade pure. C'est aussi par la *liqueur de Fehling* qu'on reconnaît le glucose contenu dans l'urine des malades atteints de diabète.

B. — FRUCTOSE OU LÉVULOSE OU SUCRE DE FRUITS

Formule : $C^6H^{12}O^6$. — Masse moléculaire : 180.

28. Le fructose ou lévulose est une matière sucrée, liquide, qui existe dans un grand nombre de fruits (raisins, groseilles, prunes, etc.) et dans le miel ; il est presque toujours mélangé au glucose. Il est plus sucré que ce dernier, et plus soluble dans l'alcool.

SACCHAROSES

A. — SACCHAROSE PROPREMENT DIT OU SUCRE DE CANNE OU SUCRE ORDINAIRE

Formule : $C^{12}H^{22}O^{11}$. — Masse moléculaire : 342.

29. État naturel.

Le sucre de canne, ou sucre ordinaire, est très répandu

(1) *La cassonade est le sucre brut de betterave ou de canne dont les raffineurs retirent le sucre pur.*

dans le règne végétal ; on le trouve dans la canne à sucre, la betterave, et en moins grande quantité dans la carotte, le navet, dans les melons, les citrouilles, les abricots, les pêches, les prunes, dans le maïs, le sorgho, etc.

C'est principalement de la canne et de la betterave qu'on l'extrait.

30. Propriétés physiques.

Le sucre ordinaire est un corps solide, blanc, cristallisé en prismes qui répandent des lueurs dans l'obscurité quand on les brise ou qu'on les frotte contre un corps dur (sucre candi). Il est soluble dans l'eau froide, et surtout dans l'eau bouillante et presque insoluble dans l'alcool concentré. La dissolution de sucre dans l'eau, concentrée jusqu'à 40° Baumé, et évaporée lentement dans une étuve à 30°, laisse déposer de gros cristaux très durs de sucre candi.

Chauffé à 160°, le sucre fond, donne un liquide épais, transparent, qui se prend par le refroidissement en une masse amorphe, vitreuse, appelée **sucre d'orge**. Le sucre d'orge perd peu à peu sa transparence en repassant à l'état de sucre cristallisé.

31. Propriétés chimiques.

Si l'on chauffe le sucre au-dessus de sa température de fusion, il se décompose en eau et en un corps brun, le **caramel** ; à une température plus élevée, il se décompose complètement, en donnant divers produits volatils, et en laissant comme résidu un charbon poreux, très léger, formé presque exclusivement de carbone (charbon de sucre).

Transformation en sucre interverti. — 1° Les acides minéraux étendus transforment le sucre ordinaire en un mélange de glucose et de lévulose désigné sous le nom de **sucre interverti** :

$$C^{12}H^{22}O^{11} + H^2O = C^6H^{12}O^6 + C^6H^{12}O^6.$$

La transformation se fait lentement à froid, mais elle est très rapide à 100°.

2° L'interversion du sucre peut se faire aussi sous l'influence d'une **diastase ou ferment soluble**, qu'on appelle l'*invertine*. C'est ainsi que le suc intestinal, grâce à cette diastase, transforme le sucre ordinaire en glucose et en lévulose assimilables. De même, la levure de bière fait fermenter le sucre ordinaire, parce qu'elle le transforme d'abord, par l'invertine qu'elle sécrète, en sucre interverti qui peut fermenter directement. L'action de la levure de bière sur le sucre ordinaire est donc double : elle produit l'*interversion du sucre*, puis la *fermentation alcoolique du sucre interverti*.

Action des bases. — Le sucre se combine aux bases en donnant des *sucrates;* c'est ainsi qu'en versant une dissolution de sucre dans un lait de chaux, ou dans de l'eau de baryte, on obtient un sucrate de calcium ou de baryum. Ces sucrates peuvent être décomposés par un acide tel que le gaz carbonique, qui précipite la chaux et met le sucre en liberté.

Une dissolution de sucre ne brunit pas au contact de la potasse. De même, le sucre de canne ne réduit pas la liqueur de Fehling, à moins qu'une ébullition prolongée ne l'ait interverti. Aussi, dans les expériences faites avec le saccharose et avec la liqueur de Fehling ou la potasse, il faut éviter de faire bouillir longtemps le mélange pour que l'interversion du sucre ne se produise pas.

32. Usages.

Le sucre est surtout employé dans l'alimentation. Il constitue un aliment excellent fournissant beaucoup de chaleur à l'organisme et qui n'est pas coûteux; aussi l'usage des mets sucrés pourrait-il avec avantage être plus répandu, particulièrement en France, dans les milieux ouvriers.

On utilise aussi le sucre dans la confiserie, et pour la fabrication des confitures, des liqueurs, etc.

La France est un des pays qui produisent le plus de sucre; elle en fournit à elle seule un milliard de kilogrammes, soit le dixième environ de la production mondiale.

LACTOSE OU SUCRE DE LAIT

$C^{12}H^{22}O^{11}$

33. Le sucre de lait existe dans le lait de tous les mammifères. Quand on évapore du petit-lait, résidu de la préparation des fromages, ce sucre se dépose en cristaux d'un blanc jaunâtre, peu sucrés, solubles dans l'eau. Comme le sucre ordinaire, le lactose est transformé par les acides étendus, à l'ébullition, en deux glucoses. Il peut alors subir la fermentation alcoolique; c'est ce qui permet à certains peuples d'employer le lait de vache ou de jument pour fabriquer des boissons fermentées (exemple : le *kéfir*, fabriqué par les montagnards du Caucase).

34. Expériences. — *Glucose.* — Montrer du glucose en masse, du sirop de glucose. — Faire bouillir un peu de glucose avec de la potasse dissoute : le liquide brunit.

Chauffer jusqu'à l'ébullition de la liqueur de Fehling dans un tube à essai, et y ajouter un peu de glucose : il se fait un précipité rougeâtre.

Voici d'après Pasteur une formule de liqueur cupropotassique ne s'altérant pas à la lumière.

Dissoudre séparément dans l'eau distillée :

A : 130 gr. de soude.
B : 105 gr. d'acide tartrique.
C : 80 gr. de potasse.
D : 40 gr. de sulfate de cuivre.

Mélanger ensuite et compléter de manière à avoir un litre.

Chauffer du glucose avec de l'azotate d'argent dissous dans de l'eau ammoniacale, ou dans de l'eau contenant un peu de potasse; il y a dépôt d'argent métallique.

Sucre ordinaire. — Faire fondre du sucre avec quelques gouttes d'eau sur un foyer, puis le couler sur une plaque de marbre huilée : on obtient du sucre d'orge. Même expérience en chauffant plus longtemps le sucre ; la masse brunit et se transforme en caramel. Si on continue à chauffer, on n'obtient plus bientôt que du charbon de sucre.

Faire cristalliser du sucre dans l'alcool.

Chauffer au bain-marie dans un ballon 100 centimètres cubes d'alcool à 90° dans lequel on a mis du sucre granulée qu'on aura pulvérisé. Porter l'alcool à l'ébullition et ajouter du sucre à saturation. — Décanter dans un autre ballon chauffé, puis boucher; le sucre cristallise par refroidissement.

Préparer un sucrate de chaux en versant dans une dissolution sucrée à 25 o/o un épais lait de chaux. — Agiter, filtrer après 10 minutes; la liqueur claire s'épaissit quand on la chauffe.

Constater que la dissolution de sucre ordinaire ne brunit pas la potasse et ne réduit pas la liqueur de Fehling. Mais, si l'on ajoute à cette dissolution deux ou trois gouttes d'acide sulfurique, et qu'on la fasse bouillir environ dix minutes, elle devient capable de brunir la potasse et de réduire la liqueur de Fehling, parce que le sucre s'est transformé en glucose et lévulose.

CHAPITRE IV

EXTRACTION DU SUCRE

PLAN

- **I — Extraction du jus sucré**
  - **de la Betterave**
    - 1° *Diffusion* par osmose du jus des cossettes.
    - 2° *Formation* d'un sucrate de calcium.
    - 3° *Carbonatation* ou décomposition du sucrate de calcium par le gaz carbonique.
    - 4° *Concentration* dans le vide par les appareils à triple effet.
    - 5° Cristallisation et épuration par turbinage.
  - **de la Canne à sucre**
    - Broyage des tiges, séparation du jus sucré (vesou) des parties ligneuses (bagasse).
    - Puis traitement : comme ci-dessus.
- **II — Raffinage**
  - Épuration par le sang de bœuf.
  - Décoloration par le noir animal.
  - Concentration dans le vide.
  - Cristallisation dans des moules.
  - Clairçage.

35. Fabrication du sucre.

La fabrication du sucre comporte deux groupes d'opérations distinctes :

1° Extraction des jus sucrés de la betterave ou de la canne à sucre ;

2° Raffinage de ces jus sucrés.

36. Extraction des jus sucrés de la betterave.

Une grande partie du sucre consommé en France est extraite de la betterave, cultivée en grand pour cet usage dans le Nord, le Pas-de-Calais, la Somme, l'Aisne, etc. La variété la plus estimée est la betterave de Silésie, qui renferme de 12 à 16 0/0 de son poids de sucre.

37. *Diffusion.*

Les betteraves, bien lavées, sont coupées en minces lanières appelées *cossettes*, dont on extrait le jus sucré par diffusion. Le principe de ce procédé est le suivant : si on laisse séjourner les cossettes dans de l'eau chaude, le liquide sucré et les sels solubles traversent les parois des cellules et se dissolvent dans l'eau (*fig.* 7) ; tandis que les matières albuminoïdes et les gommes, qui sont des substances *colloïdes*, ne traversent pas sensiblement les membranes et restent presque en totalité dans les cellules. Comme, d'autre part, le jus sucré passe dans l'eau plus rapidement que les sels, le liquide obtenu est moins impur que celui qui se trouvait dans les cellules. Tel est le principe de la diffusion ; seulement, dans la pratique, on trouve beaucoup plus avantageux de l'appliquer dans des **lavages méthodiques** : on fait passer l'eau pure sur des cossettes déjà épuisées afin qu'elle se charge d'une partie du jus sucré qui y reste ; puis, à mesure que l'eau est plus riche en sucre, on la fait passer sur des cossettes de moins en moins épuisées ; enfin, le liquide le plus dense passe sur des cossettes fraîches, qui sont les plus riches, et il se charge encore un peu de jus sucré. On arrive ainsi à dissoudre la presque totalité du sucre que contenait la betterave. Le résidu ou pulpe sert d'aliment aux bestiaux.

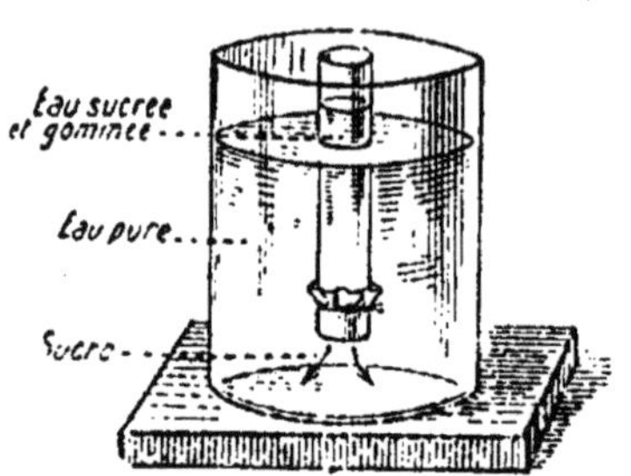

Fig. 7. — Le tube contient un mélange d'eau sucrée et gommé. Par diffusion le sucre passe à travers la membrane, la gomme reste.

38. *Carbonatation.* — Le jus sucré obtenu est verdâtre, et il contient un grand nombre d'impuretés telles que de l'albumine, des sels, des matières colorantes, etc., qui le rendent très altérable et l'empêcheraient de cristalliser.

Il faut donc le purifier. Pour cela, on ajoute de la *chaux* dans le jus qu'on chauffe à la vapeur, puis on y fait passer un courant de *gaz carbonique* (*fig.* 8). La chaux se combine à une partie des impuretés en donnant des produits insolubles, et le sucrate de calcium (§ 31) qui se produit est décomposé par le gaz carbonique qui met le sucre en liberté. Si on laisse reposer le mélange, toutes les matières insolubles se déposent au fond de la chaudière et, par décantation, on obtient le jus sucré. Cette opération se fait généralement deux fois. Puis le jus obtenu est décoloré par du noir animal ou filtré à travers des sacs de toile, et il ne reste plus qu'à le concentrer.

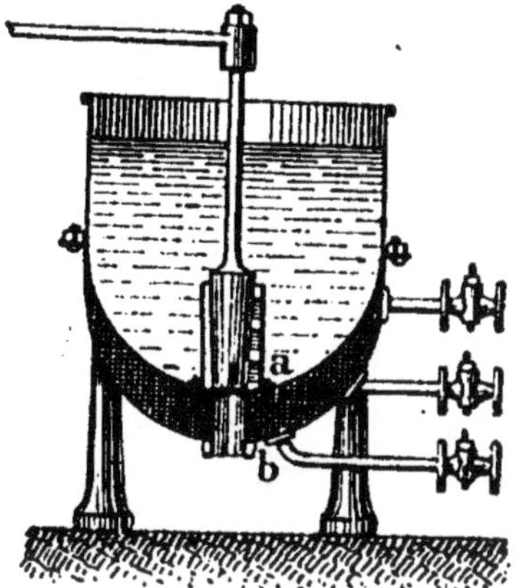

Fig. 8. — Carbonatation du jus sucré.
La vapeur arrive dans le double fond *ab*, et échauffe le liquide de la chaudière ; le gaz carbonique est amené par le tube central.

39. *Concentration et cristallisation.* — La concentration du sirop ne peut se faire à une température élevée car le sucre s'intervertirait sous l'action de la chaleur. Pour obtenir une évaporation rapide avec une température assez basse, *on fait le vide dans les chaudières d'évaporation;* ainsi le liquide peut bouillir à une température inférieure à 100°, et il ne s'altère pas.

Les appareils de concentration les plus employés sont les **appareils à triple effet** (*fig.* 9). Imaginons trois chaudières **A**, **B**, **C**, dont la partie supérieure communique avec la partie inférieure par des tubes verticaux qui renferment le liquide sucré. Autour de ces tubes circule de la vapeur d'eau qui les échauffe. Le sirop est d'abord amené dans les tubes de la chaudière **A**, tandis qu'on fait arriver de la vapeur dans l'espace intertubulaire; la pression dans la chaudière n'étant que d'environ 650 millimètres, le sirop bout à 96°, et il émet des vapeurs qui passent dans la chaudière B, autour des tubes qui s'échauffent à leur tour. Sur le passage des vapeurs se trouve un manchon D destiné à condenser les gouttelettes de sirop entraînées. La seconde chaudière renferme du sirop plus concentré que celui de la première, et par suite plus altérable. Ce sirop bout à son tour, à 82° environ, car la pression dans B n'est que 380 millimètres,

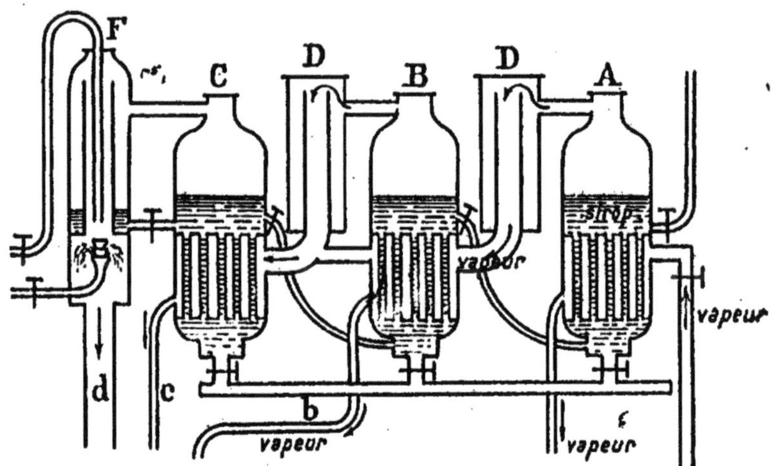

Fig. 9. — Appareil à triple effet.

En A la pression est d'environ 650mm; le sirop bout à 96° et se concentre; il passe en B où la pression est de 380mm et il bout à 82°; il passe ensuite en C où la pression n'est que de 110mm, le jus très concentré bout à 54°.

et les vapeurs qu'il forme vont chauffer le jus sucré de la chaudière C où la pression n'est que 110 millimètres. Ce jus très altérable bout à 54°, et sa vapeur est condensée en F par de l'eau froide. C'est précisément cette condensation qui produit le vide dans la chaudière C. De même, par les tubes b et c, par où sort la vapeur qui a chauffé les chaudières B et C, on fait le vide partiel dans les chaudières d'évaporation A et B. Enfin la seconde chaudière est alimentée par le sirop provenant de la première, et la troisième par le sirop provenant de la seconde; de cette façon la concentration du jus sucré s'opère rapidement, et permet d'obtenir dans la troisième chaudière du sirop marquant 25° Baumé.

Actuellement, on emploie beaucoup d'appareils à quadruple et à quintuple effet.

Au sortir de ces appareils, le jus sucré est cuit dans des chaudières où l'on raréfie l'air, ce qui achève la concentration; puis on le fait couler dans de grandes cuves où il est abandonné au refroidissement. Le sucre se dépose en petits grains ou cristaux colorés en jaune qu'on sépare de la partie restée liquide à l'aide de turbines sous l'action de la force centrifuge (1); la matière brune est en même temps éliminée, et l'on obtient des cristaux blancs constituant le sucre de premier jet. Le liquide qui s'écoule pendant cette

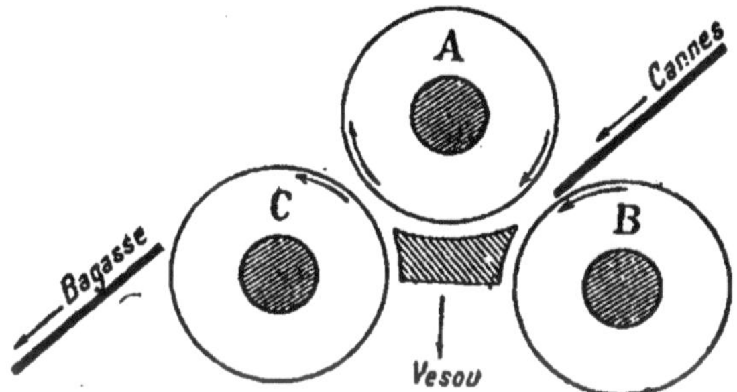

Fig. 10. — Schéma d'un moulin à cannes à sucre.

opération est soumis à une seconde cuisson, passe de nouveau dans la turbine et donne les sucres de second jet, moins blancs que les précédents. Une troisième opération donne les sucres de troisième jet. Il reste alors un liquide dont on ne peut plus retirer de sucre par les procédés précédents, bien qu'il en contienne encore; il constitue les mélasses. On se sert des mélasses pour différents usages;

(1) Voir *Cours de Physique*, 3e année.

le plus souvent elles sont soumises à la fermentation, puis on en retire de l'alcool par distillation. Le résidu de cette distillation (vinasse) est employé pour l'extraction des sels de potassium et pour la fabrication du chlorure de méthyle.

40. Extraction du jus sucré de la canne.

Les tiges de canne à sucre sont écrasées entre de gros cylindres métalliques tournant en sens inverse (*fig.* 10); on sépare ainsi le jus sucré ou *vesou* de la partie ligneuse ou *bagasse* (cette dernière est employée comme combustible). Le jus sucré subit ensuite un traitement à peu près analogue à celui dont nous venons de parler. Les mélasses obtenues dans cette fabrication servent à fabriquer par fermentation et distillation le **rhum** et le **tafia**.

41. Raffinage du sucre.

Le sucre brut, même celui de premier jet, doit être raffiné avant d'être livré à la consommation. On le dissout dans une petite quantité d'eau chaude; on y ajoute du noir animal en poudre et du sang de bœuf, puis on porte le tout à l'ébullition. Le noir animal décolore le sucre; le sang, en se coagulant, emprisonne les matières en suspension, et les entraîne à la surface où on peut les enlever facilement. Le liquide est ensuite filtré à travers des sacs de coton pelucheux (*filtres Taylor*), envoyé sur du noir animal qui achève l'épuration, puis soumis à une nouvelle concentration dans le vide à 70° environ. Comme cette température n'est pas la plus favorable à la cristallisation, on réchauffe le sirop dans une chaudière à la température de 80°, avant de le verser dans les moules où il cristallise. Pour avoir le sucre en pains, on emploie des moules de forme conique (*fig.* 11)

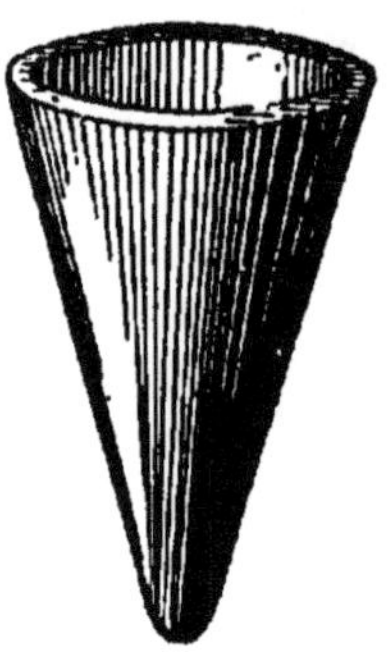

Fig. 11. — Forme à pains de sucre.

dont la pointe, placée en bas, est munie d'une ouverture fermée par un tampon. Quelques heures après le remplissage, la cristallisation est faite en partie. On procède alors au clairçage (*fig.* 12), qui consiste à verser sur la partie supérieure du pain une solution de sucre saturée qui ne peut plus dissoudre de sucre, mais enlève les matières colorantes et s'écoule ensuite par l'ouverture inférieure débouchée. Enfin, pour chasser les dernière traces de sirop non cristallisé, on met les pointes des moules en communication avec une machine pneumatique qui aspire le liquide. Après cet égouttage, les pains sont retirés des formes et desséchés dans des étuves avant d'être empaquetés et livrés au commerce.

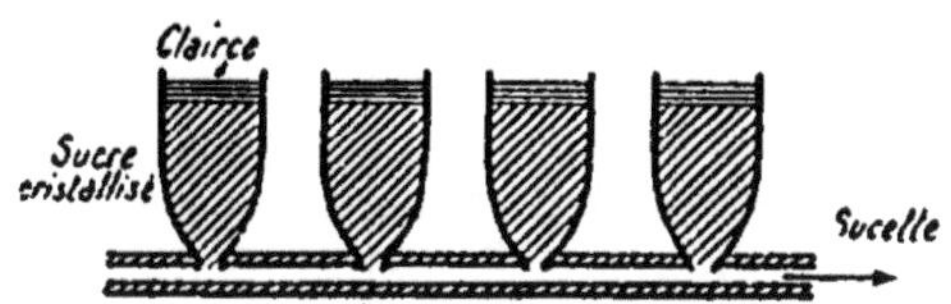

FIG. 12. — Clairçage. Représentation schématique.

Actuellement, une grande quantité de sucre est moulée dans des formes cubiques, puis soumise à l'égouttage et au clairçage par des procédés très expéditifs et sciée mécaniquement en morceaux réguliers faciles à ranger dans des boites.

CHAPITRE V

FERMENTATIONS. — BOISSONS FERMENTÉES

PLAN

I. — Fermentations

Définition : Transformation chimique de matières dites *fermentescibles*, sous l'influence d'autres matières organiques dites *ferments*.

2 sortes de ferments :
- Ferments vivants.
- Ferments solubles.

1° *Ferments vivants*
- *Exemples :* levure, mycoderma aceti.
- D'où viennent ces ferments ? Ils sont souvent apportés par l'air.
- *Propriétés*
  - N'opèrent qu'une seule sorte de fermentation.
  - Sont détruits par les antiseptiques, par la chaleur.
  - Action de l'air : ferments aérobies. ferments anaérobies.

2° *Ferments solubles*
- *Exemples :* diastases de l'orge germée, de la salive, etc.
- *Propriétés*
  - N'opèrent qu'une seule sorte de fermentation.
  - Ne sont pas détruits par les antiseptiques, par la chaleur, par l'air.

Il est possible que toutes les fermentations soient dues en définitive à des ferments solubles.

II. — Boissons fermentées

1° Fermentation alcoolique
- Expérience : Glucose, eau et levure de bière dans un flacon. Laisser le tout dans une salle chaude. Il y a fermentation (alcool et gaz carbonique).
- Conditions pour que la fermentation se produise :
  - Levure à l'abri de l'air.
  - Matières azotées dans le liquide.

Matières premières employées pour la fabrication des boissons alcooliques : *sucres ou substances pouvant se transformer en glucose.*

2° Vin
- Fabrication. Vin blanc, vin de Champagne.
- Maladies : vins plats, vins aigres, vins amers.
- Conservation : Chauffage du vin à 60° (*pasteurisation*).

3° Cidre et poiré : Fabrication à l'aide des pommes et des poires.

4° Bière — **Fabrication**
1. Développement de la diastase ou *germination* de l'orge : formation du *malt*.
2. Transformation de l'amidon en glucose (*saccharification*) ; formation du *moût*.
3. *Houblonnage.*
4. *Fermentation alcoolique.*

FERMENTATIONS

42. Lorsqu'on écrase des grains de raisin et qu'on abandonne le jus sucré à l'air à la température de 15 à 20°, ce jus se transforme peu à peu en alcool tandis qu'il y a dégagement de gaz carbonique. De même, le vin ensemencé de *Mycoderma aceti* se transforme en vinaigre.

Les matières organiques azotées (viande, pain, fromage, œufs), longtemps exposées à l'air, se décomposent en divers produits, tels que l'ammoniaque, l'hydrogène sulfuré, etc. Toutes ces transformations des matières organiques sont appelées **fermentations.** Les fermentations ne sont pas autre chose que des *transformations chimiques de matières dites* **matières fermentescibles,** *sous l'influence d'autres matières organiques dites* **ferments.** Ainsi, la fermentation acétique est la transformation de l'alcool (matière fermentescible), en acide acétique, sous l'influence d'un ferment, le *Mycoderma aceti.*

Le caractère de ces phénomènes chimiques, c'est qu'en général le ferment ne fournit rien de sa propre substance; tous les produits de la fermentation proviennent de la substance fermentescible. C'est pourquoi une petite quantité de ferment peut transformer une quantité presque illimitée de matière.

43. Ferments vivants ou figurés.

Les travaux de Pasteur ont montré qu'un grand nombre de ferments sont constitués par des êtres vivants, végétaux microscopiques appartenant au groupe des champignons ou à celui des bactéries. Lorsque ces ferments se trouvent placés dans un milieu convenable, ils se développent et se multiplient rapidement aux dépens de la matière fermentescible qu'ils décomposent. C'est ainsi que la levure de bière produit la fermentation du jus de raisin, le *Mycoderma aceti*, celle de l'alcool, etc. Il semble que ces ferments ne soient pas toujours nécessaires à la fermentation, car le jus de raisin, par exemple, ne tarde pas à fermenter à l'air sans qu'on ait besoin d'y ajouter de levure de bière. Mais, en réalité, le ferment existe bien dans le liquide; il y a été apporté, soit par les pellicules des grains de raisin sur lesquelles il se trouvait, soit le plus souvent par l'air qui renferme une quantité innombrable de ferments à l'état de vie ralentie.

La putréfaction des matières organiques, la coagulation spontanée du lait sont également des fermentations dues à des êtres vivants (§ 145).

Propriétés des ferments vivants. — Un même ferment ne produit généralement qu'une même fermentation; ainsi le *Mycoderma aceti* ne peut opérer d'autre transformation que celle de l'alcool en acide acétique; la levure de bière, avec le glucose, produit toujours de l'alcool et du gaz carbonique. Les produits de la fermentation sont donc *constants* pour chaque espèce de ferment; et toutes les fois qu'une substance peut fermenter de plusieurs façons différentes, c'est sous l'action de ferments distincts; ainsi le glucose peut se transformer en alcool sous l'influence de la levure de bière et en acide lactique sous l'action du *Mycoderma lactis*.

Les ferments vivants sont détruits par les antiseptiques et par une température supérieure à 100°. Les uns (ferments **aérobies**) ne peuvent se développer qu'à l'air, par exemple le ferment acétique; d'autres, les ferments **anaérobies**, n'ont pas besoin d'air pour vivre, et même sont tués par l'air; il en est ainsi du ferment *butyrique* qui produit la transformation du glucose, de la cellulose, de l'amidon, etc., en acide butyrique. Enfin, la levure de bière peut se développer à l'air, mais elle ne fait fermenter le glucose que si elle est à l'abri de l'air.

44. Ferments solubles.

Nous n'avons parlé jusqu'ici que des fermentations produites par des êtres vivants. Il en est d'autres qui sont dues à des substances non organisées et par suite non vivantes ; ces substances sont désignées sous le nom de **ferments solubles** ou **diastases**.

Elles agissent de façon analogue aux ferments vivants, mais se détruisent en décomposant les matières fermentescibles. Les antiseptiques, la chaleur, l'air, n'ont aucune action sur elles.

Parmi ces ferments, on peut citer la diastase de l'orge germée et celle de la salive qui transforment l'amidon en glucose ; — l'invertine qui transforme le saccharose en glucose et lévulose, et toutes les diastases qui, dans la digestion, transforment les aliments en substances assimilables.

On attribue l'action des ferments vivants sur les matières fermentescibles à des diastases qu'ils sécrètent, de sorte qu'en définitive *toutes les fermentations seraient produites par des ferments solubles.* Plusieurs faits vérifient cette hypothèse : ainsi, la levure de bière sécrète deux diastases qu'on a pu isoler : ce sont l'**invertine** qui transforme le saccharose en glucoses, et la **zymase** qui transforme les glucoses en alcool. De même, la transformation de l'urée en carbonate d'ammonium se produit sous l'influence d'un ferment vivant qui sécrète une diastase capable de produire la fermentation ammoniacale (1re *année*, § 90).

BOISSONS FERMENTÉES

45. Fermentation alcoolique.

La fermentation alcoolique est celle qui a les applications industrielles les plus importantes, car elle est la base de la fabrication des boissons fermentées et des alcools.

Elle consiste dans la *transformation du glucose en alcool sous l'influence de champignons microscopiques*, dont le plus commun est la ***levure de bière*** qu'on peut recueillir à la surface d'une cuve en fermentation où se fabrique de la bière. Cette levure est formée de cellules ovoïdes (*fig.* 13) réunies en chapelets. Son action sur le glucose peut être mise en évidence par l'expérience suivante : on introduit dans un grand flacon (*fig.* 14) de l'eau, du glucose et de la levure de bière, et on abandonne l'appareil dans une salle chaude. On constate bientôt un dégagement de gaz carbonique dans l'éprouvette, et que le liquide perd sa saveur sucrée et prend une odeur vineuse ; il contient de l'alcool qu'on peut isoler par distillation. On pourrait croire qu'il y a eu tout simplement décomposition du glucose en alcool et en gaz carbonique :

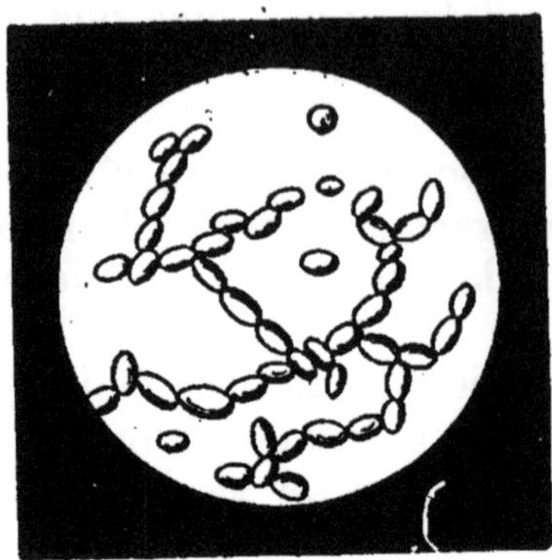

Fig. 13. — Cellules de levure de bière (grossies 250 fois) ; elles sont réunies en chapelet.

$$C^6H^{12}O^6 = 2\,C^2H^5OH + 2CO^2;$$

mais on trouve d'autres produits, glycérine, etc., et, d'autre part, la levure augmente de poids. Le phénomène est donc plus complexe que ne l'indique la formule (1), les produits résultant de la fermentation sont nombreux et une partie sert au développement de la levure.

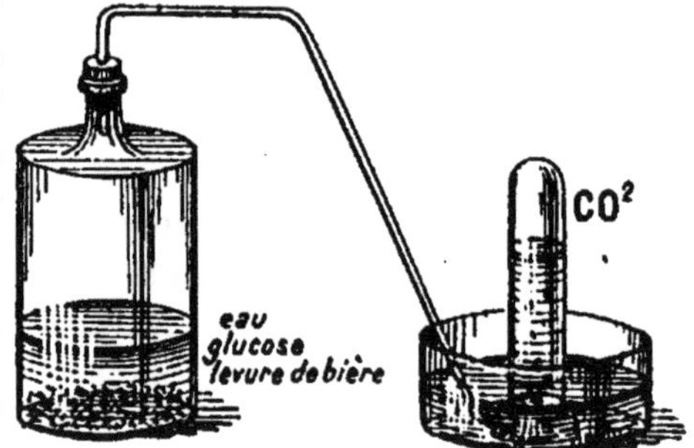

Fig. 14. — Fermentation alcoolique.

Conditions pour que la fermentation alcoolique se produise. — **Pour que la fermentation alcoolique se produise, il faut que la levure de bière soit dans l'intérieur du liquide.**

A sa surface, elle peut vivre, mais elle n'a aucune action sur le glucose : c'est qu'elle emprunte à l'air l'oxygène dont elle a besoin, tandis que, dans le premier cas, elle le prend au glucose. D'autre part, la levure de bière est constituée par des matières azotées et minérales, par des matières grasses et de la cellulose. Pour qu'elle puisse se développer, il faut donc qu'elle trouve toutes ces substances dans le milieu où elle vit ; si on la sème dans un liquide ne contenant que du sucre, la fermentation se produit mal et s'arrête au bout d'un certain temps, alors il ne reste plus de cellules de levure vivantes ; tant qu'elle dure, c'est que le ferment se nourrit aux dépens de sa propre substance.

Les jus sucrés retirés des fruits du raisin, de la betterave, etc., sont des milieux très favorables au développement de la levure, car ils renferment toujours une grande quantité de matières azotées.

Toutes les substances sucrées ou capables d'être transformées en sucres peuvent subir la fermentation alcoolique, et servir par suite à la fabrication des boissons fermentées ou des alcools.

46. Vin.

Le vin résulte de la *fermentation du jus* ou *moût de raisin*. Ce jus renferme du glucose, de l'albumine, des matières grasses, des matières colorantes, des acides tels que l'acide tartrique, et des sels tels que le phosphate de calcium et le chlorure de sodium. Presque tous ces produits se retrouvent dans le vin.

Les raisins mûrs sont foulés dans de grandes cuves, puis abandonnés dans des celliers à une température de 20 à 25° ; après quelques heures ou quelques jours, la fermentation commence. Le gaz carbonique se dégage en entraînant avec lui la pulpe des grains et les grappes, qui se réunissent à la surface en formant une croûte ou *chapeau*. Quand la fermentation se ralentit, il faut enfoncer cette croûte dans la masse, car elle renferme la levure, qui n'agit plus dès qu'elle est à l'air. Après quelques jours, le bouillonnement cesse tout à fait; on soutire le liquide dans des tonneaux où la fermentation s'achève doucement; il faut donc laisser la bonde ouverte pour que le gaz carbonique puisse se dégager.

Après la fermentation, le vin s'éclaircit par le dépôt de la lie, mélange de débris du ferment, de tartre, de matière colorante. On le soutire de nouveau et on le colle avec du blanc d'œuf ou de la gélatine (§ 128, 133), qui se coagule au contact de l'alcool et entraîne les matières restées en suspension dans le vin. Les résidus de la fermentation qui se trouvent dans les cuves constituent les **marcs**, employés pour la fabrication des eaux-de-vie de marc.

47. Vin blanc et vin de Champagne.

Pour fabriquer le vin blanc, on peut employer des raisins blancs ou rouges. Comme la matière colorante se trouve dans la pellicule des grains, et n'est soluble dans le jus du raisin que lorsqu'il contient de l'alcool, il suffit de séparer le jus des pellicules avant la fermentation. C'est pour cela qu'après avoir écrasé les grains on les presse immédiatement, et l'on recueille le jus séparément.

Le vin de Champagne et tous les vins mousseux s'obtiennent en ajoutant un peu de sucre candi au vin, lorsqu'on le met en bouteilles; ce sucre fermente sous l'action du ferment que contient le vin, même clarifié, et il produit du gaz carbonique qui reste emprisonné dans le vin sous pression.

48. Composition du vin.

Le vin renferme de l'eau, de l'alcool (7 à 20 0/0), des matières qui existaient dans le moût (matières azotées, matières grasses, sels minéraux, matières colorantes, tanin, acides tartrique, malique, etc.), de l'acide acétique, de la glycérine, des éthers qui se sont formés pendant la fermentation. Les vins de table doivent renfermer de 10 à 12 0/0 d'alcool.

49. Maladies des vins.

Les vins ne se conservent pas toujours bien; ils deviennent aigres, amers, etc. Les diverses maladies auxquelles ils sont sujets sont dues à des fermentations; les vins contiennent, en effet, un grand nombre de ferments apportés par l'air dans le moût, ou existant à la surface des grains. Ces germes ne se développent pas immédiatement, car le milieu leur est moins favorable qu'à la levure de bière; mais quand celle-ci a cessé d'agir, il peut se faire que les autres ferments se développent et déterminent la transformation du vin en d'autres produits.

Les **vins aigres** ou **piqués** sont dus à la transformation de l'alcool du vin en acide acétique (*Mycoderma aceti*).

Les **vins plats**, qui n'ont plus de goût, sont des vins dont l'alcool a été oxydé complètement et transformé en eau et en gaz carbonique (*Mycoderma vini* ou *fleur du vin*).

Les **vins amers** doivent aussi leur amertume à un ferment. Il y a bien d'autres maladies des vins. Toutes peuvent être prévenues par la **pasteurisation**. Pasteur a montré qu'en chauffant le vin pendant quelques minutes à 60° environ, les ferments sont détruits et la conservation du vin est assurée. Les vins chauffés ainsi n'ont pas sensiblement changé de goût et, en vieillissant, ils deviennent supérieurs aux vins non chauffés. L'opération se fait facilement, dans un ménage, en immergeant les bouteilles contenant le vin dans de l'eau qu'on chauffe progressivement (chauffage au bain-marie).

50. Cidre et poiré.

Le cidre est obtenu par la *fermentation alcoolique du*

jus de pommes; lorsqu'il provient du jus de poires, on l'appelle *poiré*. Le procédé de fabrication varie un peu suivant les régions. Le plus souvent, les fruits sont écrasés sous une meule, puis abandonnés à l'air jusqu'à ce qu'ils aient pris une couleur ambrée; on les soumet alors à l'action d'un pressoir, et le jus recueilli est introduit dans de grandes cuves où il fermente. Quand la fermentation se ralentit, on le soutire dans des tonneaux, et si l'on veut en faire une boisson sucrée et mousseuse, on le met en bouteilles.

Le cidre renferme de 4 à 8 0/0 d'alcool, des principes qui le rendent un peu amer. Il s'altère plus facilement que le vin et ne peut guère se conserver au delà d'un an.

51. Bière.

La bière résulte de la *fermentation alcoolique du glucose obtenu par la transformation de l'amidon de l'orge.* On l'aromatise au moyen de fleurs de houblon.

Sa fabrication comporte donc quatre phases successives : 1° développement de la diastase dans l'orge, ou formation du malt; 2° brassage ou transformation de l'amidon en glucose; 3° chauffage avec le houblon; 4° fermentation alcoolique.

1° *Préparation du malt.* — On fait d'abord germer l'orge en l'étendant, humide, dans une cave ou *germoir*, maintenue à la température de 15°; la germination dure de dix à vingt jours, et pendant qu'elle se produit, la diastase se forme dans le grain. L'orge germée (*fig.* 15) est ensuite desséchée dans de grandes étuves appelées *tourailles*, puis débarrassée de ses radicelles qui se détachent facilement, et concassée en une farine grossière appelée malt, très riche en diastase (§ 44).

Fig. 15. Orge germée.

2° *Brassage ou saccharification.* — La saccharification ou transformation de l'amidon en maltose se fait sous l'influence de la diastase. On étend le malt en une couche épaisse dans une cuve à double fond dite *cuve-matière* (*fig.* 16), et par l'intervalle qui sépare les deux fonds, on fait arriver de l'eau à 70°. On brasse ensuite la masse dans l'eau, on ferme la cuve et on abandonne le tout au refroidissement; au bout de trois heures, la transformation de l'amidon en dextrine et maltose est opérée. On soutire le liquide qui les contient, et qui constitue le **moût.** Le malt épuisé ou *drêche* sert à la nourriture des bestiaux.

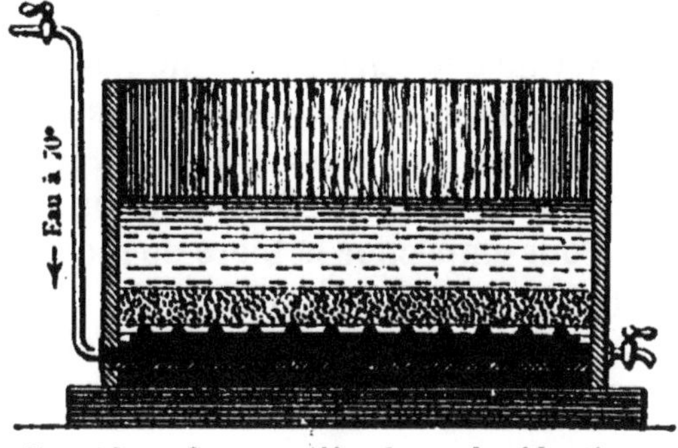

FIG. 16. — Cuve-matière à saccharification.
Sous l'influence de la diastase formée dans la graine germée, l'amidon se transforme en glucose.

3° *Houblonnage.* — On fait bouillir le moût dans de grandes cuves, avec des fleurs de houblon (*fig.* 17), qui communiquent à la bière son goût amer et agréable et favorisent sa conservation. La cuisson dure plusieurs heures; quand elle est terminée, le liquide est refroidi rapidement par divers procédés, avant d'arriver dans les cuves où il subira la fermentation alcoolique. (Il est nécessaire que le liquide soit refroidi rapidement, car de 25 à 30° il se charge de germes qui altéreraient rapidement la bière.)

FIG. 17. — Fleurs de houblon.
Elles communiquent à la bière son amertume spéciale.

4° *Fermentation.* — Dans les cuves à fermentation, le liquide est additionné de levure provenant d'une opération antérieure, et il est maintenu à une température de 2 à 8° pour les bières anglaises, et de 10 à 20° pour les bières allemandes. La levure augmente considérablement de volume et forme à la surface du liquide une mousse que l'on recueille et que l'on comprime dans des sacs, quand la fermentation est terminée. Quant au liquide, il est soutiré dans des tonneaux où la fermentation s'achève.

Pour empêcher la bière de recevoir par l'air des ferments étrangers qui nuiraient à sa conservation, on en opère tous les transports à l'abri de l'air (mise en tonneaux, mise en bouteilles, etc.).

52. Composition de la bière.

La bière contient de 2 à 8 0/0 d'alcool, des matières albuminoïdes, des matières grasses, des sels minéraux, etc. Aussi est-elle très nourrissante en même temps que rafraîchissante. Elle est très altérable, à cause des ferments qu'elle contient et qui se développent quand la fermentation alcoolique est achevée. On peut y remédier en la pasteurisant, comme le vin ; mais ce procédé ne convient pas à toutes les bières, dont il modifie le goût.

CHAPITRE VI

FABRICATION DES ALCOOLS

PLAN

1° Matières premières	Boissons fermentées. Jus sucrés : fruits, moût du raisin, mélasses, jus de betteraves. Matière amylacée des graines de céréales et des pommes de terre.
2° Fabrication 4 opérations *au plus*	Transformation de l'*amidon en glucose* (alcools de grains, de pommes de terre). *Fermentation* alcoolique du glucose. *Distillation* du moût fermenté pour concentrer l'alcool. *Rectification* de l'alcool pour l'avoir presque pur.
Appareils de distillation	Alambic. Rectificateur Savalle.

53. Origine des alcools.

Les alcools diffèrent surtout des boissons fermentées en ce qu'ils renferment une moins grande proportion d'eau. On peut donc les obtenir par distillation de ces boissons (vin, cidre, bière). Mais, depuis longtemps, cette source d'alcool est insuffisante pour les besoins de la consommation. On s'est alors adressé non seulement à des produits renfermant de l'alcool tout fabriqué, mais surtout à des matières capables d'être transformées en alcool. Ce sont principalement :

1° Les fruits (cerises, prunes, pommes, etc.), le marc de raisin, les mélasses, les jus des betteraves, renfermant du *glucose* ou du *saccharose ;*

2° Les graines de céréales, les tubercules de pommes de terre, dont la *matière amylacée* est capable de se transformer en glucose et, par suite, en alcool.

La fabrication des alcools comprend donc au plus quatre opérations :

1° Transformation de l'amidon en sucre fermentescible;
2° Fermentation alcoolique du sucre;
3° Distillation du liquide obtenu, pour avoir l'alcool plus concentré;
4° Rectification de l'alcool, pour le séparer des produits volatils étrangers, avec lesquels il est mélangé et qui sont très toxiques.

54. Fabrication de l'alcool.

S'il s'agit d'alcool de grains ou de pommes de terre, on commence par transformer l'amidon en sucre, soit au moyen des acides étendus, soit, le plus souvent, par la diastase de l'orge germée.

Quelle qu'en soit la provenance, le jus sucré est ensuite additionné de levure de bière et soumis à la fermentation. Le liquide vineux obtenu est le **moût fermenté** dont on isole l'alcool par distillation.

55. Distillation du liquide alcoolique.

Le moût, ainsi que les boissons fermentées, renferme de l'alcool dilué dans une grande quantité d'eau. Par distillation on peut le séparer du liquide : si, en effet, on chauffe celui-ci jusqu'à l'ébullition, les vapeurs dégagées sont riches en alcool, car ce corps est plus volatil que l'eau (il bout à 78°). En condensant ces vapeurs, puis en soumettant le liquide obtenu à une deuxième distillation, on recueille un mélange encore plus riche en alcool que le précédent, et ainsi de suite. Par distillations successives, on peut donc arriver à obtenir de l'alcool presque pur.

Autrefois la distillation se faisait dans un alambic ordinaire (*fig.* 18) et, pour avoir de l'alcool concentré, il fallait plusieurs opérations successives. Actuellement, on n'emploie plus l'alambic que dans les campagnes, pour la distillation des boissons fermentées et pour celle des moûts provenant des fruits.

Dans l'industrie, on emploie des appareils basés sur le même principe, mais construits de manière à produire plusieurs distillations successives dans une même opération ; ce sont des appareils continus ; ils sont très économiques. L'un des plus employés est l'appareil Savalle.

FIG. 18. — Alambic pour distillation.
Les vapeurs d'alcool passent dans le serpentin où elles sont refroidies et condensées par un courant d'eau.

Il se compose d'une colonne métallique A (*fig.* 19), formée de tronçons ou plateaux superposés sur lesquels on fait arriver le liquide à distiller ; ces plateaux communiquent entre eux par des tubes ou trop-pleins T (*fig.* 20) destinés à régler le niveau du liquide. Chaque plateau porte plusieurs ouvertures *o*, *o'* recouvertes d'une espèce de toit o, o', qui plonge en partie dans le liquide. La partie supérieure de la colonne communique avec le chauffe-vin V (*fig.* 19), où se trouve le liquide à distiller.

Fonctionnement de l'appareil. — 1° **Marche ascendante des vapeurs.** — Supposons tous les plateaux chargés. Par le bas

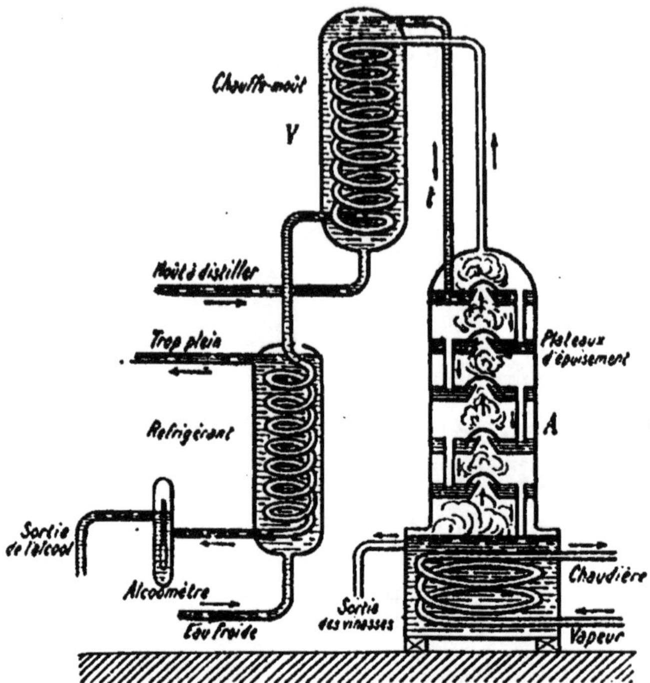

Fig. 19. — Représentation schématique d'un appareil Savalle.

de la colonne, on fait arriver de la vapeur, destinée au chauffage de l'appareil ; elle s'élève de tronçon en tronçon ; mais, à cause des parties *o*, *o'* (*fig.* 20), elle est obligée de barboter à travers le liquide des plateaux, l'échauffe, le fait bouillir et entraîne les vapeurs qui s'en dégagent. Elle se charge donc de plus en plus d'alcool à mesure qu'elle monte.

Lorsqu'elle sort de la colonne, elle arrive dans le chauffe-vin autour des tubes, s'y refroidit en même temps qu'elle échauffe le liquide à distiller et se condense dans le réfrigérant. C'est le liquide ainsi obtenu qui constitue l'alcool brut ou flegmes auquel il faut faire subir ensuite la rectification.

2° **Marche descendante du liquide.** — Le moût à distiller, échauffé dans le chauffe-vin, arrive par le tube *t* dans le haut de la colonne, puis descend successivement sur tous les plateaux. A mesure qu'il descend, il rencontre des vapeurs de moins en moins chargées en alcool, et s'appauvrit de plus en plus, si bien qu'il arrive complètement dépouillé d'alcool au bas de la colonne; il constitue alors la *vinasse*.

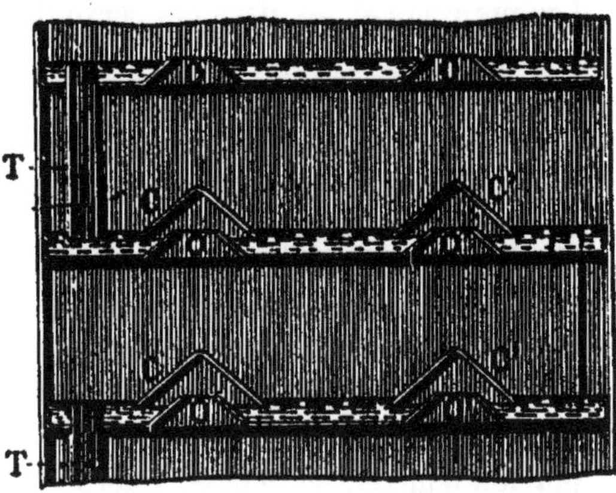

Fig. 20. — Plateaux de l'appareil Savalle.

56. Rectification des alcools.

Les flegmes contiennent un grand nombre d'impuretés qui donnent un mauvais goût et une odeur désagréable aux alcools d'industrie, et leur communiquent des propriétés toxiques. Parmi ces produits se trouvent des corps plus volatils que l'alcool, particulièrement des aldéhydes (aldéhyde acétique, furfurol) et des corps, dits alcools supérieurs, moins volatils, formés par des alcools de nature différente (alcools propylique, butylique, etc.). On débarrasse l'alcool de ces produits au moyen d'appareils rectificateurs; le **rectificateur Savalle** est à peu près analogue au distillateur. Il en existe beaucoup d'autres qui ont aussi l'avantage d'être à fonctionnement continu. On arrive même maintenant à distiller et à rectifier les alcools en une seule opération.

Dans la rectification, on recueille d'abord les *produits de tête*, riches en aldéhydes; puis les alcools *bon goût* formés presque uniquement d'alcool éthylique et d'eau ; et enfin les *alcools de queue*, riches en alcools de mauvais goût. Les premiers et les derniers servent pour l'éclairage et le chauffage et pour la fabrication des vernis. Les alcools bon goût sont principalement utilisés pour la fabrication des eaux-de-vie et des liqueurs ; les eaux-de-vie s'obtiennent en ajoutant de l'eau jusqu'à ce que les alcools marquent 40 à 50° à l'alcoomètre Gay-Lussac. Pour les liqueurs, on ajoute en outre des essences diverses, provenant souvent de végétaux ; elles sont presque toujours très toxiques.

ALCOOLISME

57. Les boissons fermentées, dans lesquelles la proportion d'alcool ne dépasse guère 12 0/0, n'ont aucun effet nuisible sur l'organisme quand elles sont prises à dose modérée. Il n'en est pas de même des eaux-de-vie et des liqueurs, qui sont dangereuses par la forte proportion d'alcool qu'elles renferment (40 à 50 0/0), par les aldéhydes et les alcools supérieurs qui s'y trouvent quand elles sont mal rectifiées, et par les essences aromatiques s'il s'agit des liqueurs. L'abus des boissons fermentées et l'usage habituel des eaux-de-vie et des liqueurs produisent dans l'organisme des troubles graves désignés sous le nom général d'alcoolisme.

L'alcoolisme peut être *chronique* ou *aigu;* lorsqu'il est aigu, il est désigné sous le nom d'ivresse, et il se manifeste par des troubles de la sensibilité (troubles visuels, bourdonnements d'oreilles), par des troubles musculaires (tremblement, crampes), par de l'excitation cérébrale, etc. Si la dose d'alcool n'a pas été très considérable, il ne subsiste rien de ces troubles au bout de quelques jours.

Tout autre est l'alcoolisme chronique, dû à l'absorption régulière de boissons alcoolisées; les organes de nutrition et les organes de relation sont affectés de façon durable et souvent très profondément. L'estomac est irrité et il survient de la dyspepsie, des pituites, des troubles digestifs ; le foie s'hypertrophie, puis s'atrophie (cirrhose) ; le cœur s'entoure de graisse, les artères perdent leur élasticité, la circulation et la nutrition se font mal. Aussi l'organisme anémié n'offre plus qu'une faible résistance aux microbes pathogènes, et contracte facilement des maladies contagieuses; la tuberculose surtout est très fréquente chez les alcooliques, et toutes les maladies prennent chez eux avec une gravité exceptionnelle.

Les fonctions de relation sont profondément atteintes aussi. On remarque de la faiblesse des membres inférieurs et parfois de la paralysie, des tremblements, de la difficulté à coordonner les mouvements, des troubles de la sensibilité.

Les facultés intellectuelles sont parfois déprimées, la mémoire et l'intelligence sont affaiblies, le malade est en proie à des hallucinations, à du délire qui peuvent l'amener à commettre des crimes ; le dernier degré de l'alcoolisme se traduit par la folie, par la paralysie générale, et, dans le cas d'alcoolisme dû à l'absinthe, par l'épilepsie.

L'alcoolisme frappe même l'individu dans sa descendance, car les enfants d'alcooliques sont presque toujours des infirmes, des idiots, des épileptiques, des rachitiques prédisposés à la tuberculose et aux autres maladies contagieuses.

Il ne faut pas oublier qu'il y a beaucoup plus d'alcooliques qu'on ne le croit, et qu'une personne n'ayant jamais présenté d'alcoolisme aigu peut très bien devenir alcoolique, par l'absorption quotidienne d'eaux-de-vie ou de liqueurs; les effets de l'alcool sur son organisme se manifestent plus ou moins tôt, mais n'en sont pas moins dangereux. Le seul moyen d'éviter l'alcoolisme est de n'user que très sobrement des boissons fermentées (vin, bière, cidre) et de ne consommer aucune boisson distillée (eau-de-vie, liqueurs apéritives de toutes sortes).

58. Expériences. — Montrer au microscope des cellules de levure de bière. Faire fermenter du glucose au moyen de levure, en faisant l'expérience indiquée au paragraphe 45. Constater à l'aide d'un peu d'eau de chaux que le gaz recueilli dans l'éprouvette est du gaz carbonique.

Si l'on dispose d'un appareil de Salleron, déterminer la quantité d'alcool contenue dans un vin donné.

CHAPITRE VII

ALCOOL ÉTHYLIQUE

PLAN

Alcool éthylique.

- **Propriétés physiques.**
  - Se mélange à l'eau en toutes proportions, avec dégagement de chaleur et contraction.
  - Dissout un grand nombre de corps : corps gras, résines, essences, etc.
- **Propriétés chimiques.**
  - 1° *Oxydation.*
    - a) Oxydation complète ; formation de CO^2 et H^2O.
    - b) Oxydation incomplète ; formation d'*aldéhyde éthylique* et d'*acide acétique.*
  - 2° *Action des métaux alcalins.*
  - 3° *Action des acides.*
    - Formation d'**éthers-sels.**
    - Analogie avec l'action des bases sur les acides.
- **Usages.**
  - Boissons fermentées.
  - Ethers, collodion, vernis, etc.
  - Combustible. Moteurs à alcool.
  - Fabrication du chloroforme.

ALCOOL ÉTHYLIQUE

Formule : C^2H^6O ou C^2H^5OH ou CH^3-CH^2OH.
Masse moléculaire : $12 \times 2 + 6 + 16 = 46$.

59. Alcool absolu.

L'alcool *ordinaire ou* alcool *éthylique* obtenu par la fermentation des liquides sucrés est un corps très important, non seulement à cause de ses usages, mais encore parce qu'il peut être considéré comme le type de toute une série de corps s'en rapprochant par quelques propriétés et désignés pour cette raison sous la dénomination commune d'alcools.

L'alcool le plus concentré qu'on fabrique industriellement contient 95 à 96 0/0 d'alcool pur. Pour lui enlever les dernières traces d'eau qu'il contient et obtenir l'alcool absolu, on le mélange à de la *chaux vive*, ou mieux à de la *baryte anhydre;* puis on distille le mélange, et l'alcool passe sans eau, après deux ou trois distillations.

60. Propriétés physiques.

L'alcool pur est un liquide incolore, très mobile, d'une odeur agréable, d'une saveur brûlante ; sa densité est 0,809 à 0° ; il bout à 78°, et ne se solidifie qu'à —130°.

Il se mélange à l'eau en toutes proportions; la dissolution se fait avec dégagement de chaleur et contraction. Le volume final est donc toujours inférieur à la somme des volumes d'eau et d'alcool employés, et le maximum de contraction a lieu pour 47^vol^,7 d'eau et 52^vol^,3 d'alcool, qui donnent un volume total de 96^vol^,35. La facilité de sa combinaison avec l'eau explique la causticité de ce corps.

Fig. 21. — Oxydation incomplète de l'alcool.

L'alcool éthylique dissout un grand nombre de corps : l'iode, le phosphore, les corps gras, les résines, les essences, les matières colorantes, etc. Aussi est-il, après l'eau, le plus employé des dissolvants.

61. Propriétés chimiques.

1° *Oxydation.* — *a*) **Oxydation complète.** — Si nous enflammons de l'alcool, il brûle avec une flamme bleue très pâle, en dégageant une grande quantité de chaleur; il se forme de l'anhydride carbonique et de la vapeur d'eau :

$$C^2H^6O + 6O = 2CO^2 + 3H^2O.$$

La combustion est donc complète.

b) **Oxydation incomplète.** — On peut aussi obtenir des oxydations lentes de ce corps. Si l'on verse goutte à goutte de l'alcool sur du noir de platine (*fig.* 21), on voit aussitôt des vapeurs se condenser sur les parois de la cloche; elles sont formées d'**aldéhyde éthylique** C^2H^4O, liquide plus volatil, d'odeur forte et suffocante, qui existe aussi dans l'alcool non rectifié, et d'**acide acétique** $C^2H^4O^2$ (§ 82). L'alcool sous l'influence de l'oxygène de l'air, au contact du noir de platine, perd 2 atomes d'hydrogène et donne de l'aldéhyde éthylique ; puis cet aldéhyde s'oxyde lui-même en partie et donne de l'acide acétique. Les formules suivantes indiquent les réactions qui se sont produites :

$$\underset{\text{alcool éthylique}}{C^2H^6O} + \underset{\text{oxygène}}{O} = \underset{\text{aldéhyde éthylique}}{C^2H^4O} + \underset{\text{eau}}{H^2O}.$$

$$\underset{\text{aldéhyde éthylique}}{C^2H^4O} + \underset{\text{oxygène}}{O} = \underset{\text{acide acétique}}{C^2H^4O^2}.$$

Le même phénomène d'oxydation se produit dans la nature sous l'influence d'un ferment (transformation du vin en vinaigre).

Cette oxydation facile de l'alcool en fait un corps **réducteur**, et ses propriétés réductrices sont souvent appliquées dans les laboratoires.

2° *Action des métaux alcalins.* — Le potassium et le sodium peuvent se substituer à un atome d'hydrogène de l'alcool. Si l'on projette dans de l'alcool absolu de petits fragments de sodium, ils tombent au fond du vase, puis s'entourent peu à peu de bulles d'hydrogène qui se dégagent, tandis qu'il se forme de l'*éthylate de sodium* C^2H^5ONa.

Il n'y a que 1 atome d'hydrogène de l'alcool remplaçable par le métal ; ajoutons autant de sodium que nous le voudrons, nous n'obtiendrons toujours que le composé précédent. Au lieu d'écrire la formule de l'alcool C^2H^6O, nous pouvons donc déjà l'écrire C^2H^5OH en séparant 1 atome d'hydrogène des autres.

3° *Action des acides.* — L'action des acides sur l'alcool

éthylique est très importante à considérer, parce qu'elle est commune à tous les alcools ; *c'est la propriété qui les caractérise.*

Si l'on mélange à de l'alcool éthylique un acide quelconque, il se forme peu à peu un composé nouveau, auquel on donne le nom **d'éther** (§ 65), en même temps qu'il se produit de l'eau. Si l'on a employé de l'acide chlorhydrique, par exemple, on obtient un éther de formule C^2H^5Cl et la réaction peut s'écrire :

$$\underset{\text{alcool éthylique}}{C^2H^5OH} + \underset{\text{acide chlorhydrique}}{HCl} = \underset{\text{éther de l'acide chlorhydrique}}{C^2H^5Cl} + \underset{\text{eau}}{H^2O}. \quad (1)$$

Le chlore a donc remplacé, dans la formule de l'alcool éthylique, 1 atome d'oxygène et 1 atome d'hydrogène, c'est-à-dire l'*oxhydrile* OH.

Or, cette réaction ressemble beaucoup à celle de l'acide chlorhydrique sur l'hydrate de potassium ou potasse :

$$\underset{\text{hydrate de potassium}}{K.OH} + \underset{\text{acide chlorhydrique}}{HCl} = \underset{\text{chlorure de potassium}}{KCl} + \underset{\text{eau}}{H^2O}. \quad (2)$$

En comparant ces deux réactions, on voit que l'alcool éthylique y joue un rôle analogue à la potasse, et que l'éther chlorhydrique est comparable au chlorure de potassium. C'est pourquoi on écrit souvent la formule de l'alcool : $C^2H^5(OH)$, comme on écrit celle de la potasse : K.OH, en mettant en évidence l'oxhydrile OH. Et de même que la potasse est l'hydrate de potassium, on peut dire que l'alcool éthylique est l'hydrate du radical C^2H^5, qu'on appelle radical **éthyle.** L'éther qu'il donne avec l'acide chlorhydrique s'appelle le **chlorure d'éthyle**, comme on dit chlorure de potassium.

L'alcool donne de même des éthers avec l'acide azotique, l'acide sulfurique, l'acide acétique, etc. Avec l'acide azotique, par exemple, on obtient l'**azotate d'éthyle,** dont la formule $AzO^3.C^2H^5$ est analogue à celle de l'azotate de potassium AzO^3K. De même qu'avec la potasse, l'acide sulfurique donne deux sels de potassium (un sel acide et un sel neutre), avec l'alcool il donne deux éthers : le **sulfate acide d'éthyle** $SO^4H.C^2H^5$, analogue au sulfate acide de potassium SO^4HK, et le **sulfate neutre** $SO^4(C^2H^5)^2$, analogue au sulfate neutre SO^4K^2.

Les éthers obtenus par la réaction des acides sur l'alcool portent le nom d'**éthers-sels**, par analogie avec les sels de la chimie minérale.

62. Usages.

L'alcool éthylique est très employé à l'état de boissons fermentées (vin, cidre, bière), d'eaux-de-vie et de liqueurs; il est, dans tous les cas, mélangé à de l'eau et à des produits variables. On s'en sert dans l'industrie pour préparer les éthers, le collodion, les vernis à l'alcool (dissolution de résine dans l'alcool); en parfumerie, pour dissoudre les essences; en pharmacie, pour faire les dissolutions désignées sous le nom de **teintures** (teinture d'iode, d'arnica, etc.). On en fait des thermomètres pour les basses températures.

La grande quantité de chaleur qu'il dégage en brûlant le fait employer comme **combustible**. Comme il forme avec l'air un mélange détonant, on l'emploie aussi dans les moteurs dits **moteurs à alcool** ; il est alors mélangé avec un peu de benzine, et porte le nom d'*alcool carburé*.

Une partie du chloroforme est fabriquée industriellement au moyen de l'*alcool* qu'on chauffe avec de la chaux éteinte, du chlorure de chaux et de l'eau ; il distille des vapeurs de chloroforme qu'on recueille par condensation.

63. Remarque.

L'alcool destiné à la consommation est frappé d'un droit très élevé (220 fr. par hectolitre marquant 100° à l'alcoomètre Gay-Lussac) ; si, au contraire, l'alcool doit servir à des usages industriels, ce droit est considérablement abaissé (3 francs par hectolitre). Il est donc indispensable, pour la répartition de ces droits, de savoir reconnaître si un alcool doit ou non servir à la consommation. C'est pourquoi on **dénature** l'alcool utilisé dans l'industrie, en y ajoutant des substances telles qu'il ne puisse plus ensuite servir à la consommation. Les substances dénaturantes doivent donc remplir un certain nombre de conditions : offrir une odeur et une saveur qui rendent l'alcool impropre à l'alimentation; se volatiliser aussi facilement que l'alcool pour qu'on ne puisse pas les en séparer par distillation fractionnée ; être assez économiques pour que le prix de l'alcool ne soit pas augmenté par ces substances, etc. Jusqu'à présent, c'est généralement un mélange d'alcool méthylique, de cétone, d'huile lourde et de vert méthyle que l'on emploie.

64. Expériences. — *Alcool éthylique.* — Enlever une tache de graisse sur une étoffe au moyen de l'alcool. Application : nettoyage des dentelles, des rubans, etc. — Faire brûler de l'alcool dans une soucoupe ; refroidir la flamme par une assiette pour constater le dépôt de gouttelettes d'eau. Faire un mélange d'eau et d'alcool dans un tube à essai, en introduisant d'abord l'eau, puis en achevant de remplir avec l'alcool. Après avoir agité les liquides pour les mélanger, on constate que le tube n'est plus rempli : donc le mélange s'est fait avec contraction.

CHAPITRE VIII

ÉTHERS-SELS. — ÉTHER ORDINAIRE

PLAN

Éthers-sels

I Définition		*Ils résultent de l'action des acides sur les alcools avec élimination d'eau.* Analogie avec l'action des acides sur les bases. Différence avec cette action : *l'éthérification n'est ni instantanée ni complète*. Limite de l'éthérification : c'est le phénomène inverse ou saponification par l'eau.
II Éthérification		Combinaison d'un acide avec un alcool. Moyen de rendre l'éthérification la plus complète possible : *enlever l'eau* qui se forme.
	Conséquence Moyen de préparer un éther-sel :	On chauffe l'alcool avec un sel de l'acide et de l'acide sulfurique. Double rôle de l'acide sulfurique dans cette préparation : il met en liberté l'acide et il enlève l'eau formée.
III Saponification		Décomposition d'un éther-sel par *l'eau*, en *alcool* et en *acide*. Les *bases* peuvent saponifier aussi les éthers-sels : il y a formation d'un alcool et d'un sel de l'acide et de la base. C'est le moyen d'avoir la saponification complète.
IV Principaux éthers-sels de l'alcool éthylique	*Iodure d'éthyle :*	Sert à la fabrication de couleurs d'aniline.
	Acétate d'éthyle	Préparation du celluloïd. Calmant des affections des voies respiratoires.

Éthers-oxydes

I Mode de formation		Résultent de la combinaison d'*un alcool avec un autre alcool ou avec lui-même, en même temps qu'il y a perte d'eau.* Ils proviennent donc de la déshydratation des alcools, d'où leur nom d'éthers-oxydes.
II Éther ordinaire	**1° Préparation**	Chauffer *alcool éthylique* avec acide sulfurique. Tout se passe comme si l'acide sulfurique enlevait 1 molécule d'eau à 2 molécules d'alcool.
	2° Propriétés	Liquide très volatil. Odeur forte et agréable. Saveur brûlante. Dissout alcaloïdes, essences, graisses. Il brûle et forme avec l'air un mélange détonant.
	3° Usages	dans l'industrie (explosifs) ; en médecine (anesthésique et calmant).

ÉTHERS-SELS

65. Comme nous l'avons vu plus haut (§ 61, 3°), on appelle **éthers-sels** des corps résultant de l'action des acides sur les alcools, avec élimination d'eau. De même que les sels minéraux proviennent de la substitution d'un métal à l'hydrogène d'un acide :

$$KOH + HCl = KCl + H^2O,$$

les éthers-sels proviennent de la substitution d'un **radical alcoolique** à l'hydrogène d'un acide.

Si l'acide est monoacide, l'alcool donne un seul éther-sel. Ainsi l'acide chlorhydrique, l'acide azotique donnent avec l'alcool éthylique *un* chlorure et *un* azotate d'éthyle :

$$C^2H^5(OH) + HCl = C^2H^5Cl + H^2O,$$
$$C^2H^5(OH) + AzO^3H = AzO^3C^2H^5 + H^2O.$$

Si l'acide est 2 fois acide, l'alcool donne 2 éthers-sels : l'acide sulfurique, par exemple, donne avec l'alcool éthylique un sulfate acide et un sulfate neutre d'éthyle :

$$C^2H^5(OH) + SO^4H^2 = \underset{\text{sulfate acide d'éthyle}}{SO^4H(C^2H^5)} + H^2O,$$
$$2C^2H^5(OH) + SO^4H^2 = \underset{\text{sulfate neutre d'éthyle}}{SO^4(C^2H^5)^2} + 2H^2O.$$

Avec les corps 3 fois acides, comme l'acide phosphorique, on obtient 3 éthers-sels, etc.

La combinaison d'un acide avec un alcool s'appelle **éthérification**, les éthers des acides oxygénés sont appelés **éthers composés**; ceux des hydracides sont appelés **éthers simples** (iodure, chlorure d'éthyle, etc.).

Tous les faits précédents établissent bien une analogie entre la combinaison des alcools et celle des bases avec les acides. Mais il existe entre ces deux actions une différence importante : c'est que la combinaison d'un acide et d'une base est généralement **instantanée** et **complète**, tandis que l'éthérification ne l'est jamais. Expliquons-nous par des exemples. Si nous mélangeons de la potasse et de l'acide azotique dans les proportions indiquées par la formule :

$$KOH + AzO^3H = AzO^3K + H^2O,$$

toute la potasse se combine immédiatement à tout l'acide azotique. Au contraire, mélangeons de l'acide azotique et de l'alcool éthylique dans les proportions indiquées par la formule :

$$C^2H^5OH + AzO^3H = C^2H^5AzO^3 + H^2O, \qquad (1)$$

nous constatons que la combinaison ne se produit que peu à peu, et se prolonge pendant un temps plus ou moins long, surtout à la température ordinaire; elle **n'est pas instantanée.** De plus, elle **n'est pas complète,** car jamais tout l'acide ne se combine à tout l'alcool; cela tient à ce que *l'eau formée tend à décomposer l'éther-sel, en redonnant l'acide et l'alcool.* Ainsi, on a bien, d'une part, la réaction (1); mais, à la même température, l'eau peut décomposer l'azotate d'éthyle en formant de l'acide azotique et de l'alcool éthylique :

$$C^2H^5AzO^3 + H^2O = C^2H^5OH + AzO^3H. \qquad (2)$$

Autrement dit, les réactions (1) et (2) sont inverses l'une de l'autre. La seconde porte le nom de **saponification**; donc, la saponification est inverse de l'éthérification. Ces deux phénomènes pouvant se produire à la même température, on arrive nécessairement à un état d'équilibre toutes les fois qu'on éthérifie un alcool ou qu'on saponifie un éther par l'eau : l'éthérification s'arrête dès que l'eau mise en liberté tend à décomposer l'éther, et inversement, la saponification s'arrête quand l'acide mis en liberté tend à se combiner avec l'alcool.

66. Éthérification.

Pour obtenir l'éthérification la plus complète possible, il faut enlever l'eau à mesure qu'elle se forme, puisque c'est elle qui saponifie l'éther formé. Pour cela, on emploie de l'acide sulfurique, et la préparation de l'éther nécessite par suite comme matières premières : un *alcool*, un *acide* ou mieux un *sel de cet acide*, et de l'*acide sulfurique*. Soit à préparer de l'acétate d'éthyle : 1° on fait un mélange d'alcool et d'acide sulfurique en versant goutte à goutte l'*acide dans l'alcool ;* 2° on chauffe ce mélange avec de l'acétate de sodium (*fig.* 22). L'acide sulfurique joue un double rôle : il met en liberté l'acide acétique qui peut ainsi éthérifier l'alcool, et il absorbe l'eau à mesure qu'elle se produit.

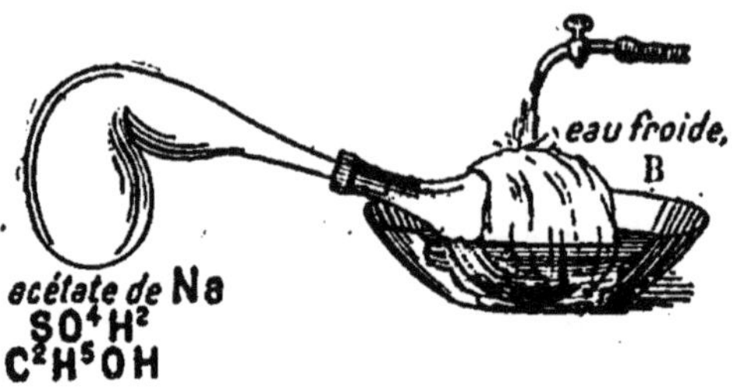

FIG. 22. — Préparation de l'acétate d'éthyle. En B, le ballon est sans cesse refroidi pour que l'acétate d'éthyle se condense.

Ce mode de préparation des éthers-sels est général.

67. Saponification.

La saponification est la décomposition d'un éther-sel en alcool et en acide. Elle peut être faite par l'eau, et dans ce cas elle est incomplète; mais les hydrates basiques, tels que la potasse, la soude, peuvent aussi saponifier un éther-sel, et dans cet autre cas la réaction est complète, parce que la base se combine à l'acide à mesure qu'il est mis en liberté, et l'empêche ainsi d'éthérifier l'alcool. Exemple : de l'acétate d'éthyle chauffé avec de la potasse donne de l'alcool éthylique et de l'acétate de potassium. De même, les corps gras sont des éthers-sels (§ 108) ; saponifiés avec de la potasse ou de la soude, ils donnent des sels qu'on appelle des savons. C'est l'analogie avec ce phénomène qui a fait donner à la décomposition des éthers par l'eau ou les bases le nom de *saponification*.

68. Principaux éthers-sels de l'alcool éthylique.

Iodure d'éthyle C^2H^5I. — L'iodure d'éthyle est un liquide incolore, employé souvent dans les laboratoires pour produire avec les sels des doubles décompositions.

On l'utilise industriellement dans la fabrication de certaines couleurs d'aniline (violets Hoffmann).

Acétate d'éthyle $CH^3\text{-}COO.C^2H^5$. — L'acétate d'éthyle ou éther acétique est un liquide d'une odeur agréable, employé en médecine comme calmant des voies respiratoires ; il sert aussi dans la préparation du celluloïd. — Il existe tout formé dans le vinaigre de vin.

ÉTHERS-OXYDES

69. Il existe d'autres éthers que les éthers-sels; on les obtient non par la combinaison d'un acide avec un alcool, mais par celle d'un *alcool avec un autre alcool ou avec lui-même;* comme dans la formation des éthers-sels, il y a élimination d'eau. Ces éthers sont appelés **éthers-oxydes**, car ils proviennent en somme de la **déshydratation des alcools.** Le plus important est l'**éther ordinaire**, ou *éther éthylique*, ou *éther des pharmaciens*, qui correspond à l'alcool éthylique; il est connu surtout sous le nom d'éther.

70. Éther ordinaire $\begin{matrix} C^2H^5 \\ C^2H^5 \end{matrix}\Big\rangle O.$

Préparation. — Si l'on chauffe de l'alcool **éthylique** avec de l'acide **sulfurique** vers **140°** (*fig.* 23), il distille un corps liquide, incolore, qui est de l'éther ordinaire ou *éther sulfurique*, ainsi appelé parce qu'on emploie de l'acide sulfurique dans sa préparation. Tout se passe comme s'il y avait simplement **déshydratation** de l'alcool par l'acide sulfurique; enlevons en effet 1 molécule d'eau à 2 molécules d'alcool : $\begin{matrix} C^2H^5OH \\ + \\ C^2H^5OH \end{matrix}$. Il reste bien de l'éther $\begin{matrix} C^2H^5 \\ C^2H^5 \end{matrix}\rangle O$.

2 molécules d'alcool
— 1 molécule d'eau

71. Propriétés.

L'éther est un liquide incolore, très volatil, d'une odeur forte et agréable, d'une saveur brûlante. Il bout à 35°, et son évaporation rapide à la température ordinaire produit un froid qui permet de l'employer comme réfrigérant. Il est peu soluble dans l'eau, à la surface de laquelle il surnage. Il dissout un certain nombre de corps, parmi lesquels les alcaloïdes, les essences, les graisses. C'est ce qui permet de l'utiliser pour extraire certains alcaloïdes des végétaux qui les renferment, pour dissoudre les matières grasses, etc.

L'éther brûle très facilement : au contact d'un corps enflammé, d'une étincelle électrique, il brûle avec une belle flamme blanche, en donnant de l'anhydride carbonique et de la vapeur d'eau. Sa vapeur forme avec l'air un mélange détonant. Il ne faut donc *manier l'éther que loin de toute flamme;* ce corps est aussi dangereux que l'essence de pétrole.

72. Usages.

L'éther est employé dans la préparation du collodion, de la soie artificielle, du celluloïd; il sert à fabriquer la mélinite, la poudre sans fumée et d'autres explosifs. — On l'emploie en chirurgie comme anesthésique, car il provoque le sommeil et l'insensibilité comme le chloroforme. En médecine, il est employé comme calmant.

73. Expériences. — *Éthers-sels.* — Chauffer de l'alcool et de l'acide acétique dans un tube à essai, on sent une odeur différente de celle de l'alcool et de l'acide; c'est l'odeur de l'acétate d'éthyle qui s'est formé.

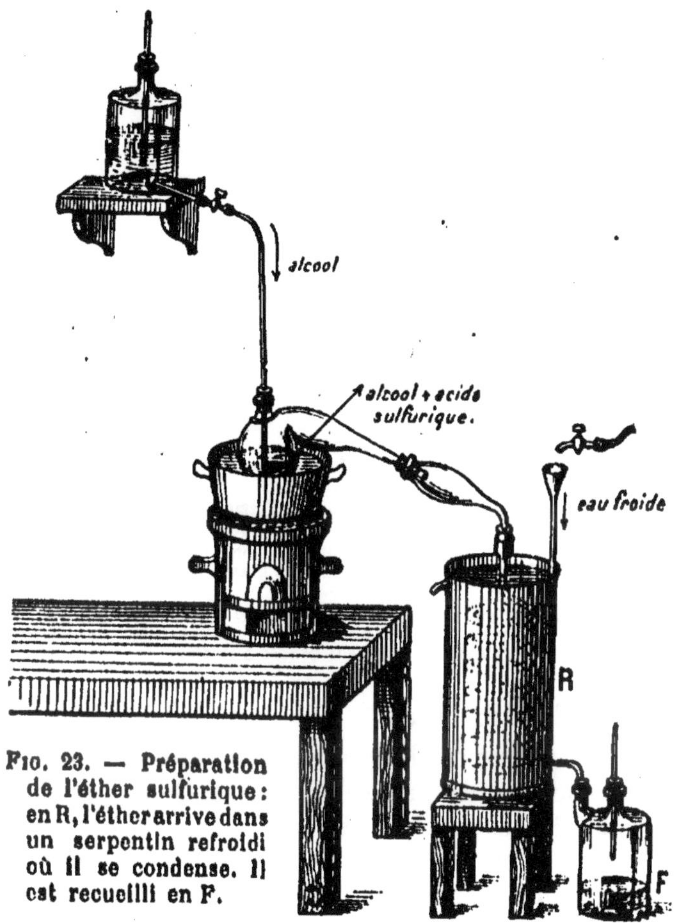

Fig. 23. — Préparation de l'éther sulfurique : en R, l'éther arrive dans un serpentin refroidi où il se condense. Il est recueilli en F.

Éther ordinaire. — Dissoudre dans l'éther des graisses, des résines, etc. Mettre un peu d'éther dans une soucoupe et l'enflammer. Plonger dans de l'eau à 40° un tube à essai contenant de l'éther; dès que l'éther est chauffé à 35°, il entre en ébullition.

Mettre quelques gouttes d'éther dans la main et souffler légèrement dessus. Constater le refroidissement dû à l'évaporation rapide du liquide.

CHAPITRE IX

ALCOOL MÉTHYLIQUE. FONCTION ALCOOL

PLAN

- **Alcool méthylique CH^3OH**
  - **Préparation** : On l'obtient par la distillation du bois.
  - **Propriétés physiques** :
    - C'est un liquide incolore, d'odeur spiritueuse, de saveur brûlante.
    - Il dissout les corps gras.
  - **Propriétés chimiques** :
    - 1° *Oxydation* :
      - a) complète : il se forme CO^2 et H^2O.
      - b) incomplète : il se produit de l'*aldéhyde formique* ou formol, puis de l'*acide formique*.
    - 2° *Action des métaux alcalins* : Ex. : méthylate de sodium CH^3ONa.
    - 3° Action des acides : Formation d'*éthers-sels*. Ex. : chlorure de méthyle $CH^3.Cl$.
  - **Usages** : Il est employé comme alcool à brûler pour dissoudre les corps gras ; il entre dans la fabrication des vernis.
- **Fonction alcool**
  - Tous les alcools donnent avec les acides des éthers-sels et de l'eau.
  - Il existe des alcools plusieurs fois alcools. Ainsi la glycérine est 3 fois alcool, car elle peut donner 3 éthers.

74. Alcool méthylique.

L'alcool éthylique est le type de toute une série de corps appelés alcools, qui présentent dans leurs propriétés quelques analogies avec l'alcool ordinaire. C'est ainsi qu'il existe l'alcool méthylique ou esprit de bois, ainsi appelé parce qu'il s'obtient dans la distillation du bois (§ 86). Cet alcool, de formule CH^3OH, est un liquide incolore, d'une odeur spiritueuse, d'une saveur brûlante. Il dissout les mêmes corps que l'alcool ordinaire, ce qui le fait souvent employer dans la préparation des vernis au lieu de l'alcool éthylique qui est plus coûteux. Il a les mêmes propriétés chimiques que celui-ci :

1° *Il brûle* avec une flamme pâle, en dégageant beaucoup de chaleur; aussi l'emploie-t-on beaucoup comme combustible (lampes à alcool). Il se forme du gaz carbonique et de la vapeur d'eau;

2°) *Par oxydation incomplète il se transforme en* **aldéhyde formique**, antiseptique puissant connu sous le nom de *formol*, *puis en* **acide formique**, liquide incolore qui existe dans le corps des fourmis et aussi dans les poils des orties auxquels il donne leurs propriétés irritantes;

3° *Avec le sodium et le potassium* (§ 61, 2°), *il produit des* **méthylates**, CH^3ONa par exemple;

4° *Avec les acides, il donne des* **éthers-sels**; par exemple, avec l'acide chlorhydrique, du chlorure de méthyle CH^3Cl.

ALDÉHYDE FORMIQUE OU FORMOL : CH^2O OU $H-COH$

75. L'*aldéhyde formique* ou *formol* qu'on prépare industriellement en envoyant sur de la ponce chauffée de l'alcool méthylique pulvérisé par un courant d'air, se vend dans le commerce sous forme d'une solution à 40 0/0 renfermant toujours un peu d'alcool méthylique et des traces d'acide acétique et d'acide formique.

Le formol est un **antiseptique très énergique**; c'est un des meilleurs désinfectants que l'on connaisse, et il a l'avantage de n'être pas toxique. Aussi l'emploie-t-on beaucoup pour la désinfection des appartements et des objets contaminés : linge, vêtements, literie, livres, etc. Divers procédés sont employés pour cette désinfection. Toutes les fois que c'est possible, les objets sont trempés pendant quelques jours dans une solution renfermant 20 grammes de la solution du commerce dissous dans 1 litre d'eau. Pour désinfecter les appartements, on pulvérise le formol sur les murs, les meubles, etc., ou bien on fait arriver des vapeurs de formol par le trou de la serrure dans la pièce à désinfecter. — On emploie souvent des *pastilles de formol;* elles sont constituées par du trioxyméthylène $(CH^2O)^3$; chauffées, elles dégagent des vapeurs d'aldéhyde formique $3\,(CH^2O)$. Enfin, on emploie aussi les *lampes à formol*, constituées par une lampe à alcool méthylique coiffé d'un capuchon en toile de platine au contact duquel la combustion de l'alcool se fait incomplètement et produit du formol.

76. *Chlorure de méthyle* CH^3Cl. — Le chlorure de méthyle est un gaz incolore, d'une odeur agréable; il se liquéfie facilement, et l'évaporation du liquide produit un froid qui le fait employer comme réfrigérant, et aussi comme anesthésique local. Mais il sert surtout dans l'industrie des matières colorantes, on l'extrait alors des vinasses de betteraves; quand on distille ces vinasses pour en isoler le carbonate de potassium, il se dégage des produits volatils avec lesquels on fabrique le chlorure de méthyle.

77. Propriétés communes à tous les alcools.

Tous les alcools, quels qu'ils soient, sont formés de carbone, d'hydrogène et d'oxygène. *Tous se combinent* **aux acides** *pour donner des* **éthers-sels** *avec élimination d'eau :* c'est là leur propriété commune.

Alcools plusieurs fois alcools.

Les alcools que nous avons étudiés jusqu'à présent sont *une seule fois alcools, c'est-à-dire qu'avec un acide une fois acide*, tel que l'acide chlorhydrique, *ils ne donnent qu'un seul éther-sel.*

Il existe aussi des alcools **plusieurs fois alcools**, pouvant par conséquent donner plusieurs éthers avec l'acide chlorhydrique; la **glycérine** par exemple (§ 110) est un alcool 3 *fois alcool.*

78. Expériences. — Montrer que l'alcool méthylique dissout les corps gras, les résines (vernis à l'alcool). — Le faire brûler et constater la formation de vapeur d'eau. — Montrer la solution commerciale de formol; faire brûler des pastilles de formol. — Si l'on dispose d'un appareil formolateur, montrer comment se fait la désinfection d'une chambre.

A défaut on met les pastilles dans une casserole chauffée par une lampe à alcool. — Il est bon de produire d'autre part de la vapeur d'eau qui pénètre partout, et fixe les vapeurs de formol sur les murs et les objets.

CHAPITRE X

ACIDES ORGANIQUES

ACIDE ACÉTIQUE ET VINAIGRE

PLAN

- **I Vinaigre.**
  - **Principe de la fabrication.**
    - *Fermentation acétique*, c'est-à-dire transformation de l'alcool éthylique en acide acétique sous l'influence d'un ferment qui fixe l'oxygène de l'air sur l'alcool.
  - **Divers procédés de fabrication.**
    - *Procédé orléanais.*
    - *Procédé Pasteur*, qui est un perfectionnement du précédent.
- **II Acide acétique.**
  - **1° Propriétés chimiques.**
    - 1° Les vapeurs d'acide acétique **brûlent** en donnant CO^2 et H^2O ;
    - 3° C'est un corps **une fois acide**. Les sels sont des *acétates*.
  - **2° Usages.**
    - Acide acétique : fabrication du vinaigre, des acétates. Photographie. Pharmacie.
    - Vinaigre : alimentation.
    - Principaux acétates ayant des applications pratiques.
      - Acétate de cuivre.
      - — de fer.
      - — d'aluminium.
      - — de plomb.
  - **3° Fabrication industrielle de l'acide acétique.**
    - **Distillation du bois.**
      - *gaz* combustibles, servent à chauffer les cornues.
      - *liquide* : est formé d'*alcool méthylique* et d'*acide acétique*.
      - *goudrons* : *paraffine*, *créosote*, etc.
      - *charbon de bois*, qui reste dans la cornue.
  - Pour séparer l'alcool méthylique de l'acide acétique, on transforme l'acide acétique en un sel qu'on décompose ensuite par l'acide sulfurique.

VINAIGRE

70. Fermentation acétique.

En étudiant l'alcool éthylique, nous avons vu qu'une de ses propriétés est de pouvoir s'oxyder en donnant, outre l'aldéhyde éthylique, de l'acide acétique (§ 61, 1°, 6). Cette oxydation ne se fait pas seulement en présence du noir de platine, mais aussi à l'air sous l'influence d'un **ferment** elle porte alors le nom de **fermentation acétique**. Le *vin*, renfermant de l'alcool éthylique, donne par fermentation acétique du *vinaigre*, sous l'action d'une bactérie, le *Mycoderma aceti*. Les bactéries, cellules petites, arrondies, placées les unes à la suite des autres en chapelet (*fig.* 24), forment, à la surface du vin en fermentation, une sorte de voile appelé *fleur* ou *mère du vinaigre*; elles ne se développent que si elles sont à l'air, et dans ce cas seulement, elles fixent l'oxygène sur l'alcool du vin et le transforment en acide acétique :

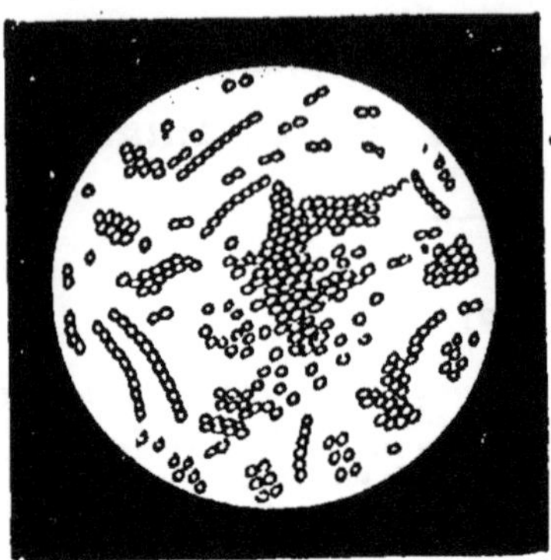

Fig. 24. — Mycoderma aceti.

$$\underset{\text{alcool éthylique}}{CH^3-CH^2OH} + 2O = \underset{\text{acide acétique}}{CH^3-CO(OH)} + H^2O.$$

Il faut éviter que l'action se prolonge trop, car, lorsqu'il n'y a plus d'alcool, le mycoderme fixe l'oxygène sur l'acide acétique et le décompose en gaz carbonique et en eau.

La fermentation acétique est la base de la fabrication industrielle du vinaigre. On acétifie, dans cette fabrication, soit du vin ou quelquefois du cidre, soit de l'alcool étendu. Les procédés les plus employés, au moins en France, sont le procédé orléanais et le procédé Pasteur.

80. Procédé orléanais.

On emploie des tonneaux rangés debout dans un cellier dont la température est maintenue constante à 25 ou

30° (*fig.* 25). Ces tonneaux sont percés à leur paroi supérieure de deux trous : l'un sert à introduire le vin ; l'autre à permettre l'entrée de l'air. On verse dans chaque tonneau 100 litres environ de vinaigre provenant d'une opération antérieure, puis 10 litres de vin. L'acétification se fait lentement ; au bout d'un mois environ, on retire 10 litres de vinaigre que l'on remplace par du vin. A partir de ce moment, on peut, tous les huit jours, soutirer 10 litres de

FIG. 25. — Fabrication du vinaigre d'Orléans.

vinaigre et ajouter 10 litres de vin. Le vinaigre obtenu par ce procédé possède un arome agréable ; cela tient à ce que la température n'ayant pas été élevée au-dessus de 30°, les principes aromatiques du vin ne se sont pas dégagés. Mais ce procédé a l'inconvénient d'être très lent. De plus il se développe souvent, dans les tonneaux, des anguillules, petits vers minces qui, ayant besoin d'air pour respirer, submergent le mycoderme et peuvent ainsi arrêter l'acétification. Ce procédé n'est, par suite, employé que dans les petites vinaigreries, et dans les ménages. Dans les vinaigreries importantes, on emploie presque toujours le procédé Pasteur.

81. Procédé Pasteur.

Le procédé Pasteur est un perfectionnement du procédé orléanais. Au lieu de tonneaux, on emploie des cuves larges et peu profondes, afin qu'il y ait une grande surface de liquide exposée à l'air, d'où une acétification plus rapide. Ces cuves sont fermées pour éviter les pertes par évaporation ; mais deux ouvertures latérales assurent la circulation de l'air. A la surface du liquide qui doit fermenter, on sème du mycoderme très actif provenant d'une cuve en fermentation depuis 2 ou 3 jours. De cette manière le mycoderme se développe avec rapidité, forme un voile épais, et les anguillules ne peuvent pas vivre. D'ailleurs, après chaque opération, on nettoie la cuve pour arrêter leur développement.

Dans le procédé Pasteur, une cuve de 100 litres fournit *par jour* 6 à 7 litres de vinaigre. Comme on opère à basse température, on obtient du vinaigre d'aussi bonne qualité qu'avec le procédé orléanais. Enfin on peut acétifier par ce procédé de l'alcool étendu aussi bien que du vin.

Il existe un autre procédé dit **procédé allemand**, plus rapide que le procédé orléanais, mais donnant du vinaigre de qualité inférieure; nous ne l'étudierons pas.

82. Acide acétique $CH^3—COOH$.

Le vinaigre contient en moyenne **7 à 8 0/0** d'acide acétique. Par distillation, on pourrait séparer ce liquide; il est incolore, d'une odeur très pénétrante, d'une saveur acide. Il se solidifie, lorsqu'il est pur, à 17°; on l'appelle alors *acide acétique cristallisable;* il est donc presque toujours solide à la température ordinaire. Mais, dès qu'il renferme un peu d'eau, il reste liquide à une température inférieure à 17°. Il bout à 118°.

83. Propriétés chimiques.

1° Les vapeurs d'acide acétique **brûlent** lorsqu'on en approche un corps enflammé. Il se produit du gaz carbonique et de la vapeur d'eau. Si les vapeurs sont chauffées dans un tube porté au rouge, à l'abri de l'air, elles se décomposent en *méthane* et en gaz carbonique (principe de la préparation du méthane dans les laboratoires) (v. 2e *année*).

2° *C'est un corps une fois acide.* — L'acide acétique rougit le tournesol. Il se combine avec les *bases* en donnant des sels; avec la potasse, il donne un seul sel, l'acétate de potassium; avec la chaux, il donne l'acétate de calcium; avec la litharge, l'acétate de plomb, etc. Au contact de l'air, l'acide acétique forme avec quelques *métaux* des acétates, par combinaison de l'acide avec l'oxyde du métal; c'est ainsi que, chauffé avec du cuivre à l'air, il donne de l'acétate de cuivre; avec le plomb, il forme de l'acétate de plomb. A la température ordinaire, la combinaison a lieu aussi, mais plus lentement. Les acétates de cuivre et de plomb sont vénéneux et il ne faut pas laisser séjourner des aliments vinaigrés dans des ustensiles de cuivre ou dans des poteries grossières dont le vernis est à base de plomb. Enfin l'acide acétique donne avec les *alcools* des éthers-sels; c'est ainsi qu'avec l'alcool éthylique il forme l'acétate d'éthyle; avec l'alcool méthylique, l'acétate de méthyle, etc. Lorsque l'alcool est une seule fois alcool, l'acide acétique ne donne qu'un éther-sel.

Toutes ces propriétés prouvent bien que ce corps est un acide. Elles montrent de plus qu'il est une **fois acide**, car avec les bases des métaux univalents, il ne donne qu'un seul sel et, avec les alcools une fois alcool, un seul éther-sel.

84. Acides organiques.

L'acide acétique est le type de toute une série de composés organiques qui jouissent de la **fonction acide**; comme les acides minéraux, ils se combinent aux bases en donnant des sels; ils peuvent déplacer d'autres acides de leurs sels; ils se combinent aux alcools en donnant des éthers-sels.

Ces acides sont très nombreux; nous n'étudierons que les plus importants (acides oxalique, tartrique, citrique, acides gras).

85. Usages de l'acide acétique et du vinaigre.

L'acide acétique est surtout employé à la fabrication des acétates. L'*acétate de cuivre* ou *verdet* sert en teinture; les acétates de *fer*, d'*aluminium* sont employés comme mordants, pour fixer les matières colorantes sur les tissus.

L'*acétate neutre de plomb* ou *sel de Saturne* peut se combiner avec un excès de litharge ou oxyde de plomb en donnant des acétates basiques dont le plus important est l'*acétate tribasique;* il sert à préparer la céruse dans le procédé de Clichy (v. 2e *année*). En solution mélangée d'alcool, il constitue l'*extrait de Saturne* qui, additionné d'eau, forme l'*eau blanche* employée en pharmacie comme résolutif.

En dehors de son emploi dans la fabrication des acétates, l'acide acétique sert en photographie et en pharmacie.

Enfin, on utilise une grande quantité d'acide acétique pour fabriquer du vinaigre; il suffit pour cela de diluer l'acide dans de l'eau.

Quant au vinaigre, il est employé dans l'alimentation comme condiment et pour faire des conserves. Il sert aussi dans la préparation des vinaigres de toilette et dans la fabrication de la céruse par le procédé hollandais (v. 2e *annee*).

86. Distillation du bois.

Tout l'acide acétique employé dans l'industrie est obtenu par la distillation du bois. On chauffe le bois dans une cornue en fonte communiquant avec un serpentin constamment refroidi par un courant d'eau (*fig.* 26). Il se dégage de l'eau, des goudrons, de l'acide acétique, de l'alcool méthylique ou esprit de bois, des cétones : tous ces corps se condensent par le refroidissement, tandis que d'autres produits plus volatils, oxyde de carbone, carbures d'hydrogène, échappent à la condensation et constituent des **gaz combustibles** que l'on conduit dans le foyer pour les brûler; leur combustion suffit pour chauffer la cornue. Il reste dans l'appareil du **charbon de bois.**

Le liquide condensé se divise en deux couches que l'on

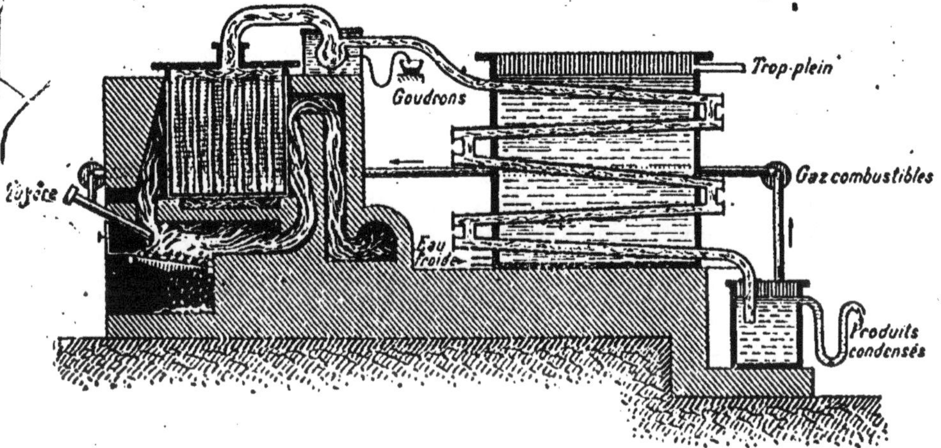

Fig. 26. — Distillation du bois.

sépare par décantation. La couche inférieure est formée de **goudrons**, desquels on retire divers produits (entre autres la *paraffine*, la *créosote*, liquide antiseptique employé pour la conservation des viandes, du poisson, et des bois par injection ; on l'utilise aussi en médecine dans les affections des bronches et des poumons).

La couche supérieure est constituée par de l'eau, de l'acide acétique, de l'esprit de bois, avec une petite quantité d'autres produits. Par distillation, on sépare l'**alcool méthylique** (§ 74) qui passe dans les premiers produits, de l'**acide acétique** dont les vapeurs sont arrêtées dans une chaudière contenant de la chaux en suspension dans l'eau. Il se forme de l'acétate de calcium qui, avec le sulfate de sodium contenu aussi dans l'eau de la chaudière, produit du sulfate de calcium *insoluble*, et de l'*acétate de sodium* soluble. On décante la solution d'acétate de sodium, on la fait cristalliser, et l'on purifie les cristaux obtenus en les chauffant à 300°, pour décomposer les goudrons qu'ils contiennent. Puis l'acétate de sodium est traité par l'acide sulfurique, qui déplace l'acide acétique ; on chauffe le mélange, l'acide distille et se sépare ainsi du sulfate de sodium formé.

L'acide acétique brut obtenu est coloré en brun ; il est désigné sous le nom d'**acide pyroligneux**.

87. Expériences. — Chauffer un peu d'acide acétique dans une capsule de porcelaine ; les vapeurs qui se dégagent peuvent être enflammées par le contact d'une allumette.

Montrer que l'acide acétique est un acide ; il rougit le tournesol ; il décompose la craie (on peut, au lieu d'acide acétique, employer du vinaigre concentré). Il attaque le cuivre ; mouiller une lame de cuivre d'un peu de vinaigre ; elle se recouvre peu à peu de vert-de-gris, c'est-à-dire d'acétate de cuivre.

Montrer les acétates de cuivre, de fer, d'aluminium, l'eau blanche, etc.

CHAPITRE XI

ACIDES ORGANIQUES
(SUITE)
ACIDES OXALIQUE, TARTRIQUE, CITRIQUE, LACTIQUE

PLAN

I — Acide oxalique

- **Propriétés physiques :** solide blanc, cristallisé. C'est un *poison*.
- **Propriétés chimiques**
  - 1° C'est un *corps 2 fois acide*. Les sels sont des oxalates, neutres ou acides ;
  - 2° C'est *un réducteur*. Il se décompose par la chaleur en oxyde de carbone, gaz carbonique et eau. S'il est en contact avec un corps oxydant, il forme seulement du gaz carbonique et de l'eau.
- **Usages**
  - Sert en teinture, comme rongeant.
  - Dissout les oxydes métalliques, d'où son emploi pour nettoyer les métaux, pour enlever les taches d'encre et de rouille (sel d'oseille).
  - Usages des oxalates
    - oxalate de fer en photographie.
    - oxalate d'ammonium pour reconnaître sels de calcium.
- **Préparation :** dans l'industrie, on oxyde la cellulose (sciure de bois) par de la soude.

II — Acide tartrique

- **Propriétés physiques :** Solide, cristallisé, incolore, saveur acide.
- **Propriétés chimiques :** *C'est un acide 2 fois acide :* tartrates neutres et bitartrates (crème de tartre, sel de Seignette).
- **Usages**
  - Sert en teinture comme rongeant.
  - Sert à faire des boissons rafraîchissantes.
  - Réactif des sels de potassium (employé dans les laboratoires).
- **Préparation :** S'extrait du *tartre* des tonneaux et de la *lie* de vin.

III — Acide citrique

- **État naturel :** Citrons, oranges, groseilles, etc.
- **Propriétés :** Est 3 fois acide.
- **Usages**
  - Rongeant (teinture).
  - Fabrication de la limonade.
  - Certains citrates sont employés en médecine (citrates de magnésium, de fer) et en photographie (citrate d'argent).
- **Préparation :** s'extrait du jus de citron.

IV — Acide lactique

- Se forme dans la fermentation lactique du sucre de lait.
- Propriétés et usages
  - Liquide sirupeux. Saveur acide
  - Employé en médecine.

V — Acide malique

- Existe dans un grand nombre de végétaux, surtout dans les fruits.
- N'a pas d'usages

ACIDE OXALIQUE

$$C^2O^4H^2 \text{ ou } \begin{matrix} COOH \\ | \\ COOH \end{matrix}$$

88. Propriétés physiques.

L'acide oxalique est un corps solide, blanc, d'une saveur aigre et piquante ; il cristallise avec 2 molécules d'eau. Il est peu soluble dans l'eau froide, mais très soluble dans l'eau bouillante. C'est un poison violent qui, à la dose de quelques grammes, agit comme paralysant; on combat ses effets toxiques en absorbant un peu de lait de chaux, qui forme avec l'acide oxalique de l'oxalate de calcium insoluble.

89. Propriétés chimiques.

1° L'acide oxalique est un corps 2 fois acide à la façon de l'acide sulfurique SO^4H^2. Avec les bases des métaux univalents, il donne en effet deux sels : ainsi, en saturant une dissolution d'acide oxalique par de la potasse, on obtient de l'*oxalate neutre de potassium* $C^2O^4K^2$. Si l'on ajoute à la dissolution une quantité d'acide égale à celle qui vient d'être employée, on obtient un autre sel, l'*oxalate acide de potassium* C^2O^4HK. Avec les métaux divalents, on obtient un seul sel ; c'est ainsi qu'il n'existe qu'un seul oxalate de calcium C^2O^4Ca. Avec les alcools, l'acide oxalique donne des éthers-sels acides et des éthers-sels neutres.

2° L'acide oxalique est un corps **réducteur**. Chauffé, il tend à prendre de l'oxygène aux corps oxydants en donnant du gaz carbonique et de l'eau. Cela tient à ce que la chaleur le décompose en *oxyde de carbone*, gaz carbonique et eau ; or, l'oxyde de carbone est réducteur :

$$\begin{matrix} COOH \\ | \\ COOH \end{matrix} = CO + CO^2 + H^2O,$$

et

$$CO + O = CO^2,$$

de sorte que l'on a finalement :

$$\begin{matrix} COOH \\ | \\ COOH \end{matrix} + O = 2CO^2 + H^2O.$$

L'acide oxalique réduit en effet le chlorure d'or en donnant un dépôt d'or métallique, il décolore le permanganate de potassium, etc.

Sa décomposition par la chaleur est appliquée dans les laboratoires pour la préparation de l'oxyde de carbone : on chauffe l'acide oxalique avec de l'acide sulfurique, qui absorbe l'eau à mesure qu'elle se forme et permet la décomposition complète de l'acide oxalique. Les oxalates sont, de même, décomposés par la chaleur en carbonates; c'est une des raisons pour lesquelles il existe des carbonates dans les cendres des végétaux.

90. Usages.

L'acide oxalique est employé en teinture, comme rongeant, c'est-à-dire pour enlever en certains points la couleur fixée sur les tissus. Sa dissolution dans l'eau est vendue dans le commerce sous le nom d'*eau de cuivre* et sert pour le nettoyage des objets en cuivre, parce qu'elle dissout l'oxyde qui se forme à leur surface. Enfin, on obtient l'encre bleue en dissolvant du bleu de Prusse dans une dissolution concentrée d'acide oxalique et en ajoutant un peu de gomme. Il existe un composé de l'acide oxalique employé quelquefois pour décaper les métaux, et pour enlever les taches d'encre et de rouille sur les étoffes : c'est le *sel d'oseille*, mélange d'oxalate acide et de quadroxalate de potassium (le quadroxalate de potassium est une combinaison d'oxalate acide et d'acide oxalique). Le sel d'oseille est aussi employé en teinture comme rongeant.

Les autres oxalates n'ont pas grande importance pratique. L'*oxalate de fer* est parfois employé en photographie comme révélateur. L'*oxalate d'ammonium* sert à reconnaître les sels de calcium, car il donne un précipité insoluble d'oxalate de calcium (moyen de reconnaître la présence des sels calcaires dans une eau).

91. Préparation.

L'acide oxalique existe à l'état naturel dans un grand nombre de végétaux, le plus souvent sous forme d'oxalates. L'oseille, l'oxalis renferment des oxalates de potassium ; les plantes marines, de l'oxalate de sodium ; certains lichens renferment de l'oxalate de calcium, etc.

Pendant longtemps, on a préparé l'acide oxalique à l'aide de ces végétaux et surtout de l'oseille. Actuellement, on le prépare en *oxydant de la cellulose par des alcalis, tels que la potasse et la soude :* en chauffant de la sciure de bois avec de la chaux sodée, à 200°, on obtient de l'oxalate de sodium. Ce corps, décomposé par un lait de chaux, se transforme en oxalate de calcium *insoluble* qui se dépose. Il suffit ensuite de le décomposer par l'acide sulfurique étendu pour obtenir de l'acide oxalique qui se dissout et du sulfate de calcium insoluble qu'on sépare par filtration.

ACIDE TARTRIQUE

COOH—CHOH—CHOH—COOH

$C^4O^6H^6$ ou $(CO.OH)^2\ (CH.OH)^2$

92. Propriétés.

L'acide tartrique est un corps solide, cristallisé en prismes incolores, anhydres, d'une saveur aigrelette. Il est soluble dans l'eau, surtout à chaud.

C'est un corps 2 fois acide car, avec les bases telles que la potasse, il donne deux sels : un *tartrate neutre* et un *tartrate acide* ou *bitartrate*. Les sels les plus importants de l'acide tartrique sont : le *bitartrate de potassium* ou *crème de tartre*, utilisé en teinture comme mordant; mélangé à de la craie, il sert aussi à nettoyer l'argenterie ; le *sel de Seignette*, employé comme purgatif, est un tartrate double de potassium et de sodium.

93. Usages.

On emploie surtout l'acide tartrique pour faire des boissons rafraîchissantes, des bonbons acidulés. Dans les fabriques d'indiennes, il sert de rongeant comme l'acide oxalique. Dans les laboratoires, il sert à reconnaître les sels de potassium, avec lesquels il donne, lorsqu'il est en excès, un précipité blanc de bitartrate de potassium presque insoluble.

94. Préparation.

L'acide tartrique existe dans les sorbes, les mûres, et surtout dans le jus de raisins; lorsque la fermentation de ce jus est terminée, le vin laisse déposer contre les parois des tonneaux une croûte saline qu'on appelle tartre, et qui est un mélange de bitartrate de potassium (crème de tartre), de tartrate de calcium et de matières colorantes. La lie des vins a la même composition. C'est du tartre et des lies qu'on retire industriellement la petite quantité d'acide tartrique dont on a besoin. On les dissout dans l'eau bouillante pour isoler les matières colorantes insolubles; puis on sature la dissolution par de la chaux ou de la craie; il se précipite du tartrate de calcium insoluble qu'on décompose par de l'acide sulfurique étendu, pour obtenir l'acide tartrique ; cet acide reste dissous dans l'eau et on le fait cristalliser par évaporation.

ACIDE CITRIQUE

95. L'acide citrique se présente sous la forme de cristaux incolores, transparents, d'une saveur acide. Il existe dans un grand nombre de fruits : citrons, oranges, groseilles, etc. C'est un corps 3 fois acide.

Ses usages sont assez nombreux. Il est employé en teinture comme rongeant; on s'en sert pour enlever les taches de rouille. On l'emploie souvent dans la fabrication de la limonade, et, en pharmacie, comme rafraîchissant.

Les citrates ont aussi quelques usages : le citrate de magnésium est employé comme purgatif (*limonade Roger*); le citrate de fer est utilisé comme médicament ferrugineux; le citrate d'argent sert à la préparation de divers papiers sensibles utilisés en photographie. L'acide citrique employé à ces différents usages est extrait du jus de citron.

ACIDE LACTIQUE

96. L'acide lactique est un corps monoacide. Il existe dans le petit-lait et se forme par la **fermentation lactique** du glucose ou du sucre de lait, on le prépare d'ailleurs ainsi; mais, comme le ferment actif de la transformation est détruit par l'acide lactique, on ajoute au lait de la chaux qui sature l'acide au fur et à mesure de sa formation. Le lactate de calcium est ensuite décomposé par l'acide sulfurique qui déplace l'acide lactique.

Cet acide est un liquide incolore, sirupeux, d'une saveur acide.

Il n'est employé qu'en médecine.

ACIDE MALIQUE

97. L'acide malique est très répandu dans les végétaux. Il existe dans un grand nombre de fruits acides : pommes vertes, coings, poires, groseilles, fruits du sorbier, etc.; dans les cerises, les fraises, les framboises; dans les feuilles et les tiges de rhubarbe, etc. Cet acide n'a pas d'applications.

98. Expériences. — *Acide oxalique.* — Montrer que la dissolution d'acide oxalique rougit le tournesol; qu'elle est réductrice puisqu'elle décolore le permanganate de potassium et qu'elle réduit l'azotate d'argent. Nettoyer la surface d'une lame de cuivre au moyen d'une dissolution d'acide oxalique; montrer que cette dissolution peut enlever les taches d'encre sur le linge.

Apprendre à enlever une tache d'encre ou de rouille au moyen du sel d'oseille: on mouille la tache; on met dessus un peu de sel d'oseille pulvérisé, puis on tient la partie tachée de l'étoffe au-dessus d'un vase contenant de l'eau en ébullition. Lorsque la tache a disparu, il faut laver l'étoffe à grande eau, pour enlever le sel d'oseille en excès, qui brûlerait le tissu s'il restait longtemps à son contact.

Acide tartrique. — Montrer de l'acide tartrique; en faire goûter. Verser du tournesol dans la dissolution de cet acide; elle rougit.

Acide citrique. — Enlever une tache de rouille sur une étoffe au moyen d'acide citrique ou de jus de citron.

CHAPITRE XII

ACIDES ORGANIQUES

(SUITE)

ACIDE TANNIQUE

Plan

- **Tanins**
  - **Propriétés communes**
    - Solubles dans l'eau.
    - Précipitent la *gélatine* en formant des composés imputrescibles.
    - Précipitent les *sels ferriques* en formant un corps noir.
    - Existent dans un grand nombre de *végétaux*.
  - Le mieux connu est le **tanin ordinaire** ou **acide tannique** (écorce du chêne, noix de galle).
- **Acide tannique**
  - **I Propriétés**
    - Poudre blanc jaunâtre.
    - Saveur astringente.
    - Très soluble dans l'eau.
    - Fermente à l'air et donne acide gallique.
    - Donne avec les bases des sels insolubles.
  - **II Usages**
    - Encre noire.
    - Tannage des peaux.
  - **III Tannage des peaux**
    - **1° Principe**
      - Le tanin se combine au derme des peaux en donnant un composé imputrescible et imperméable.
    - **2° Matières premières**
      - *Tan* (écorce du *chêne*, du châtaignier, du bouleau, du sumac).
      - *Peaux*
        - buffles, bœufs.
        - vaches, veaux.
        - moutons, chèvres, agneaux, etc.
    - **3° Principales opérations du tannage**
      - a) Salage des peaux (pour les conserver).
      - b) Pelanage et épilage (pour enlever débris de chair et poils).
      - c) Gonflement dans de l'eau contenant du tan aigri (pour permettre l'action ultérieure du tanin).
      - d) Tannage proprement dit. Dure plusieurs mois.
      - e) Corroyage (pour rendre cuir plus compact et plus poli).
    - **Autres procédés de tannage**
      - Emploi d'extraits tannants.
      - Tannage à l'électricité.

TANINS

99. Définition. — Extraction.

On désigne sous le nom de tanins tout un ensemble de substances caractérisées par les propriétés suivantes :

1° Ils sont solubles dans l'eau;

2° Ils précipitent la gélatine en formant des composés imputrescibles (tannage des peaux) ;

3° Ils précipitent les sels ferriques en donnant un corps noir (fabrication de l'encre ordinaire).

Tous renferment du carbone, de l'hydrogène et de l'oxygène.

Les tanins existent dans un grand nombre de végétaux : écorce du chêne, de l'orme, du châtaignier, du bouleau, fruits du pommier, etc.

100. Acide tannique.

Le mieux connu est le tanin ordinaire ou *acide tannique*, extrait de l'écorce du chêne et de la noix de galle. Les noix de galle sont des excroissances sphériques se développant sur les rameaux et les feuilles du chêne (*fig.* 27) par la piqûre d'un insecte, le cynips, qui y dépose ses œufs. On peut extraire le tanin de la noix de galle par un mélange d'éther et d'eau : l'éther dissout les matières étrangères, l'eau dissout le tanin et les deux liquides se séparent par ordre de densité (*fig.* 28). On décante, et par évaporation de l'eau on obtient le tanin. C'est le principe de la préparation industrielle de ce corps.

Fig. 27. — Noix de galle.

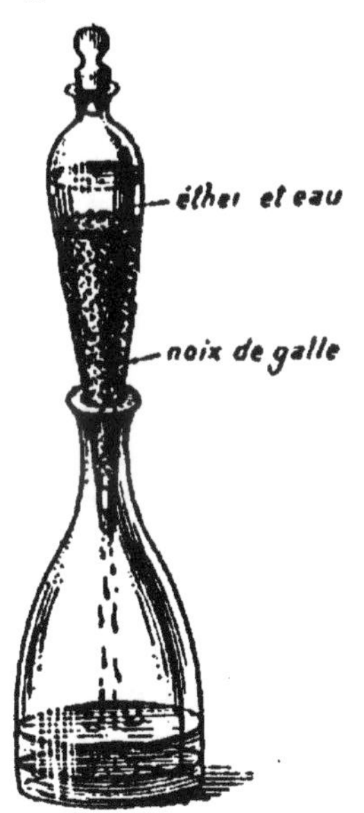

Fig. 28. — Préparation du tanin.

Propriétés.

Le tanin est une poudre d'un blanc jaunâtre, amorphe, inodore, d'une saveur très astringente, très soluble dans l'eau. Sa solution, abandonnée à l'air, fixe de l'eau sous l'influence d'une moisissure et se transforme en acide gallique. L'acide gallique, chauffé à 200°, perd du gaz carbonique et se transforme en acide pyrogallique.

Le tanin est un acide faible qui, avec les bases, donne des sels insolubles. Il précipite les alcaloïdes de leurs dissolutions (contrepoison de la strychnine); il donne avec les sels ferriques un précipité noir bleuâtre, c'est pourquoi il est employé dans la fabrication de l'encre.

Encre noire ordinaire. — L'encre noire s'obtient en faisant une décoction de noix de galle et en ajoutant à la dissolution du sulfate ferreux et un peu de gomme. Le sulfate ferreux n'est pas précipité par le tanin ; mais si on laisse le mélange à l'air, il se colore peu à peu, et le précipité noir apparaît, grâce à l'absorption de l'oxygène de l'air par le sel ferreux.

101. Tannage des peaux.

La principale application du tanin consiste dans le tannage des peaux.

Principe. — Le tanin a la propriété de se combiner au derme de la peau des animaux en donnant un composé imputrescible, insoluble et imperméable. Cette combinaison, désignée sous le nom de *cuir*, peut servir à un grand nombre d'usages : chaussures, sellerie, maroquinerie, carrosserie, etc. L'opération elle-même porte le nom de tannage.

Matières premières. — Le tanin est emprunté surtout à l'écorce de chêne, qui, desséchée et réduite en poudre, sert sous le nom de *tan*. On utilise aussi l'écorce du châtaignier, du pin d'Alep, du bouleau, du sumac (arbrisseau qui croît en Syrie et dans le Sud de l'Europe). Quant aux peaux, celles que l'on emploie surtout sont : les peaux de buffles et de bœufs pour les cuirs forts (sellerie) ; les peaux de vaches et de veaux pour les cuirs plus souples (chaussures) ; les peaux d'agneaux, de chèvres, de moutons pour les cuirs très souples et très minces (gants et objets de maroquinerie).

102. Principales opérations du tannage.

1° *Salage des peaux.* — Lorsque les peaux fraîches ne doivent pas être travaillées immédiatement, on les conserve dans de l'eau salée. Puis, au sortir du saloir, elles sont immergées dans l'eau pendant dix à douze heures ; elles perdent ainsi leurs principes solubles et se débarrassent des matières étrangères et du sang dont elles sont imprégnées.

2° *Pelanage et épilage.* — Comme c'est le derme seul qui sert à fabriquer le cuir, il faut débarrasser les peaux de leurs poils et de la chair. A cet effet, on les fait macérer pendant plusieurs semaines dans un lait de chaux qui enlève la chair (*pelanage*) ; puis on les racle à l'aide d'un couteau rond, pour enlever les poils et le reste de la chair (*épilage*).

3° *Gonflement des peaux.* — Les peaux ne sont pas encore assez gonflées pour être soumises à l'action du tanin : on les plonge pendant quinze jours ou trois semaines dans de l'eau qui contient de la *tannée* (tan ayant déjà servi et aigri par une exposition prolongée à l'air) ; ce liquide acide fait gonfler les peaux et commence le tannage.

4° *Tannage proprement dit.* — Le tannage proprement dit se fait dans de grandes fosses en maçonnerie, dans lesquelles on dispose des couches alternatives de peaux et de tan ; puis on ajoute de l'eau, et les peaux sont ainsi soumises à l'action du tanin pendant plusieurs mois. Il faut seulement renouveler le tan tous les deux ou trois mois.

5° *Corroyage.* — Au sortir des fosses, le cuir est séché à l'air, puis soumis au corroyage, qui le rend plus compact et plus poli.

103. Autres procédés de tannage.

Les opérations du tannage ont l'inconvénient d'être très longues. Beaucoup d'essais ont été faits pour en atténuer la durée : c'est ainsi qu'on emploie parfois des *extraits tannants*, obtenus en traitant par l'eau, à une température peu élevée, les écorces de divers végétaux. Les peaux sont placées, avec ces extraits et de l'eau, dans des tonneaux tournant lentement autour d'un axe horizontal. On peut, par ce procédé, tanner les peaux en quelques semaines.

On essaye aussi d'employer le *tannage à l'électricité*. Les peaux sont soumises à une agitation continue, dans un bain riche en substances tannifères ; en même temps passe dans le mélange le courant d'une dynamo. Par ce procédé, quelques jours suffisent pour le tannage des peaux.

Enfin, dans certains cas, on rend les peaux imputrescibles par d'autres procédés que le tannage ; dans la mégisserie, on utilise une dissolution d'alun et de sel marin ; depuis quelques années, on se sert aussi d'alun de chrome, etc.

104. Expériences. — Montrer de l'acide tannique. En mettre un peu dans une dissolution de sulfate ferrique, qui devient d'un noir bleuâtre. Faire constater sa saveur astringente.

Montrer des noix de galle.

Examiner du cuir, en coupe et sur les 2 faces. Noter les différences d'aspect.

Montrer du cuir chromé (bout de courroie pour motocyclette).

CHAPITRE XIII

CORPS GRAS. — GLYCÉRINE

PLAN

- **I Corps gras**
  - **1° Caractères distinctifs**
    - Saveur fade. Moins denses que l'eau.
    - Solubles dans alcool, éther, benzine, essence.
    - S'oxydent à l'air : ils *rancissent*.
    - Sont décomposés par la chaleur.
  - **2° Principaux corps gras**
    - a) *Huiles :*
      - **huiles siccatives.** *Applications :* vernis, couleurs à l'huile, etc.
      - **huiles non siccatives.** *Applications :* alimentation, éclairage, savons, bougies.
    - b) *Corps gras solides :*
      - **suifs** : Bougies.
      - **graisse** : Alimentation. — Bougies. — Savons.
      - **beurre** : Emploi dans l'alimentation.
  - **3° Constitution des corps gras**
    - Principes immédiats obtenus par l'analyse immédiate :
      - *oléine.*
      - *margarine* ou *palmitine.*
      - *stéarine.*
      - *butyrine* (dans le beurre seulement).
    - *Tous ces principes immédiats sont des éthers-sels neutres d'un alcool 3 fois alcool, la* **glycérine** *et d'***acides gras** : *acides oléique, margarique, stéarique, butyrique.* En effet, elles peuvent être saponifiées par l'eau ou par les bases en donnant de la glycérine et des acides gras ou des sels de ces acides (savons).
  - **4° Conséquence de la constitution des corps gras**
    - Peuvent servir à préparer :
      - 1° *Glycérine.*
      - 2° Acides gras (*bougies*).
      - 3° Sels des acides gras (*savons*).
- **II Glycérine**
  - **1° Préparation**
    - Rés[illegible] de la fabrication des bougies et des savons.
  - **2° Propriétés**
    - Décomposition par la chaleur.
    - C'est un alcool 3 fois alcool. Principaux éthers-sels :
      - **corps gras.**
      - **nitro-glycérine.**
  - **3° Usages** : Nitroglycérine. Dynamite. Explosifs divers.

CORPS GRAS NATURELS

105. On appelle **corps gras** des composés neutres, doux au toucher, de saveur fade; ils font sur le papier une tache translucide qui ne disparaît pas quand on la chauffe. Ils sont tous moins denses que l'eau, solubles dans l'alcool, l'éther, la benzine, l'essence, le sulfure de carbone. Les corps gras s'oxydent plus ou moins rapidement à l'air ; on dit qu'ils **rancissent**; ils ont alors un goût désagréable. Lorsqu'on les chauffe au delà de 300°, ils se décomposent en donnant différents produits parmi lesquels se trouve un liquide d'une odeur âcre et irritante, qu'on appelle *acroléine*. Si la décomposition se fait au contact de l'air et si la température est assez élevée, les corps gras s'enflamment ensuite et brûlent en donnant de la vapeur d'eau et du gaz carbonique.

Les corps gras sont très abondants dans le règne animal et dans le règne végétal. D'après leur consistance à la température ordinaire, on les divise en corps gras liquides : **huiles**, et en corps gras solides : **graisses, suifs** et **beurres.**

106. Huiles.

Il y a peu d'huiles d'origine animale (***huile de foie de morue, huile de baleine, huile de pied de bœuf***). La plupart sont d'origine végétale; un grand nombre de fruits et de graines en contiennent : olives, faînes, amandes, noix et noisettes; graines de lin, d'œillette, de colza, de ricin, etc. On en extrait les huiles en comprimant ces fruits ou ces graines d'abord à froid, puis à chaud entre deux plaques de fonte.

Parmi les huiles, il en est qui s'épaississent à l'air en s'oxydant et forment une sorte de résine jaune et transparente; on les désigne sous le nom d'**huiles siccatives.** Telles sont les huiles de lin, de noix, d'œillette, de ricin; aussi utilise-t-on certaines d'entre elles pour la préparation des vernis et des couleurs à l'huile. Cuites avec de la litharge, ces huiles s'oxydent et par suite se dessèchent plus rapidement qu'à l'air, d'où l'emploi d'un mélange d'huile de lin et de litharge pour la fabrication des toiles cirées; en y ajoutant du liège en poudre, on obtient le linoléum. — Les huiles d'œillette et de noix servent dans l'alimentation. L'huile de ricin est purgative. Citons aussi l'huile de croton, extraite des graines d'une euphorbiacée des régions tropicales ; elle est employée en médecine.

Les huiles **non siccatives,** tout en s'oxydant à l'air, restent liquides. Les principales sont : l'huile d'olive, les huiles de faine, d'arachide, employées dans l'alimentation ; les huiles de colza, de navette qui servent pour l'éclairage ; l'huile d'amandes douces employée en médecine ; les huiles de palme, extraites des fruits de divers palmiers, et qui servent à fabriquer les savons et les bougies. Beaucoup d'autres corps gras servent d'ailleurs à cet usage.

107. Corps gras solides.

Les corps gras solides sont d'origine animale. Le **suif** est la graisse de bœuf ou de mouton ; on le sépare par fusion des membranes des cellules qui le renferment. En coulant du suif fondu dans des moules cylindriques dans l'axe desquels est tendue une mèche de coton, on obtient les *chandelles* qu'on employait autrefois pour l'éclairage. Comme elles brûlent en fumant et en répandant une odeur très désagréable, on les remplace maintenant par les *bougies ;* une grande partie du suif sert d'ailleurs à cette fabrication (§ 114).

La **graisse** de porc ou *axonge* est employée dans l'alimentation. On s'en sert aussi en pharmacie pour préparer certaines pommades.

Le **beurre de vache** est obtenu par le battage de la crème du lait (§ 138). On l'emploie dans l'alimentation. Il rancit assez vite par la production d'acide butyrique ; aussi, lorsqu'on veut le conserver, on est obligé d'y ajouter du sel (*beurre* *salé*) ou de le fondre à une douce chaleur (*beurre fondu*). Le beurre est fréquemment fraudé par de la margarine obtenue par compression de la graisse de bœuf ; on y ajoute dans ce cas un peu de safran ou d'une autre matière colorante pour lui donner la couleur du beurre naturel.

Les corps gras sont employés comme aliments à cause de la grande quantité de chaleur qu'ils fournissent à l'organisme par leur combustion dans les cellules. Aussi sont-ils la base de l'alimentation dans les pays froids. Ils ont l'inconvénient d'être peu digestibles ; et l'estomac s'accommode mal en général d'une nourriture trop grasse.

108. Constitution des corps gras.

Les corps gras sont des mélanges en proportions variables de plusieurs espèces chimiques, qu'on peut séparer par l'analyse immédiate. L'huile d'olive, refroidie à 0°, se sépare en une partie liquide, l'**oléine**, et en une partie solide ayant l'aspect de perles blanches, la **margarine.** Si l'on comprime du suif à 25°, l'oléine se sépare des substances solides ; en dissolvant celles-ci dans de l'éther bouillant, puis en laissant refroidir, on sépare le mélange en margarine soluble dans l'éther à basse température, et en une troisième substance, la **stéarine,** presque insoluble dans l'éther à froid ; la stéarine se présente sous la forme de paillettes micacées blanches (§ 132).

Presque tous les corps gras renferment de même de l'oléine, de la margarine ou palmitine, et de la stéarine. Ces trois corps sont des principes immédiats (2ᵉ *année*, § 146). Ils peuvent être décomposés par l'eau, à haute température, en glycérine qui est un alcool (§ 77), et en **acides gras :** *acides oléique, margarique ou palmitique,* et *stéarique.* Ils peuvent de même être décomposés par la potasse ou la soude, en glycérine et en sels des acides gras. Ces décompositions ne sont donc pas autre chose que des **saponifications** ; les principes gras sont donc des **éthers-sels** *de la* *glycérine et des acides oléique, margarique et stéarique.* — Le beurre renferme un quatrième principe immédiat, la **butyrine**, éther-sel de la glycérine et de l'acide butyrique.

Il résulte de ces décompositions que les corps gras peuvent servir, *par une simple saponification*, à préparer :

1° La **glycérine** (alcool contenu dans les corps gras) ;

2° Les **savons** (sels des acides gras) ;

3° Les **bougies** (mélange d'acides gras).

En dehors de leur emploi dans l'alimentation, ce sont là les usages les plus importants des corps gras.

GLYCÉRINE

$C^3O^3H^8$ ou $CH^2OH-CHOH-CH^2OH$

109. Préparation.

Toute la glycérine s'obtient industriellement comme *produit secondaire de la fabrication des bougies et des savons.* La glycérine obtenue est étendue d'eau; on la décolore sur du noir animal, puis on la distille dans un courant de vapeur d'eau surchauffée et on la rectifie dans le vide.

110. Propriétés.

La glycérine est un liquide incolore, sirupeux, inodore, de saveur sucrée. Elle se solidifie au-dessous de 0° et ne fond ensuite que vers 17°; il se produit donc un phénomène inverse de la surfusion. Elle est soluble dans l'eau et dans l'alcool, et presque insoluble dans l'éther.

Action de la chaleur. — La glycérine bout vers 290°, en se décomposant partiellement; parmi les produits de la décomposition se trouve l'acroléine, que nous avons déjà vu se former lorsque les corps gras se décomposent par la chaleur. Pour éviter la décomposition de la glycérine, il faut la distiller dans le vide. Les vapeurs de glycérine peuvent être enflammées; elles brûlent en donnant de l'eau et du gaz carbonique.

La glycérine est un alcool. — La propriété essentielle de la glycérine est d'être un alcool. Elle peut, en effet, se combiner avec les acides en donnant des éthers-sels. De plus, avec chaque corps une fois acide, elle donne trois éthers-sels de composition différente, ce qui prouve qu'elle est 3 *fois alcool.*

Ainsi, l'**expérience** nous apprend qu'avec l'acide chlorhydrique on peut avoir trois éthers de composition différente, formés avec élimination de **1**, **2** ou **3** molécules d'eau : la ***monochlorhydrine***, la ***dichlorhydrine*** et la ***trichlorhydrine.***

Avec l'acide azotique, on obtient des éthers nitriques, etc.

Parmi les éthers-sels de la glycérine, les plus importants sont les **corps gras**, déjà étudiés, et la **nitro-glycérine.**

111. Nitro-glycérine. — Dynamite.

La nitro-glycérine est un éther-sel de la glycérine et de l'acide azotique ; c'est la **trinitrine :**

Glycérine. $CH^2.OH—CH.OH—CH^2.OH$
Trinitrine. $CH^2.OAzO^2—CH.OAzO^2—CH^2.OAzO^2$.

On l'obtient industriellement en faisant un mélange en proportions déterminées de glycérine et d'acide sulfurique, et en le versant, lorsqu'il est refroidi, dans de l'acide azotique. La nitro-glycérine se dépose après quelques heures au fond du récipient.

C'est un liquide jaunâtre, huileux, plus lourd que l'eau. Elle est **fortement explosive**; c'est ainsi qu'elle détone violemment par le choc ou par l'élévation de température, ou même spontanément ; aussi est-elle très dangereuse à manier. Sa propriété explosive la fait employer pour la fabrication de la **dynamite** et de divers autres explosifs; mais on y ajoute toujours une substance inerte qui rend son maniement moins dangereux. C'est ainsi que la dynamite est un mélange de nitro-glycérine et d'une poudre siliceuse très fine provenant des débris fossiles de petits infusoires ; elle détone par l'inflammation d'une capsule de fulminate de mercure ; mais le choc seul ne suffit pas à la faire détoner. On l'emploie dans l'exploitation des mines et des carrières, et en temps de guerre pour la destruction des ponts, des voies ferrées, etc.

112. Usages de la glycérine.

En dehors de son emploi dans la fabrication de la *nitro-glycérine* et de la dynamite, la glycérine est utilisée pour le pansement des plaies et des engelures. Comme elle est très hygroscopique, elle sert aussi à maintenir humides certains corps, comme l'argile à modeler, les cuirs non tannés, les préparations microscopiques, etc. ; c'est pour la même raison qu'on l'emploie dans la fabrication des encres grasses pour tampons et pour appareils enregistreurs.

113. Expériences. — *Corps gras.* — Écraser une noisette ou une noix sur du papier, après l'avoir chauffée sur un poêle ; elle laisse une tache translucide qui ne disparaît pas par la chaleur ; elle renfermait donc un corps gras, car le même phénomène se produit lorsqu'on répand une goutte d'huile sur du papier. Jeter un peu de graisse dans le poêle allumé ; on sent l'odeur d'acroléine.

Enlever une tache de graisse faite sur une étoffe, au moyen de la benzine, de l'essence, de l'alcool : les corps gras sont solubles dans tous ces corps.

Glycérine. — Montrer que la glycérine est soluble dans l'eau. Montrer deux échantillons de terre-glaise, pétris avec de l'eau quelques jours auparavant l'un avec et l'autre sans glycérine. Montrer de l'encre pour tampon

CHAPITRE XIV

INDUSTRIE DES CORPS GRAS NEUTRES

PLAN

- **Industrie des bougies**
  - Diverses phases de la fabrication :
    - 1° *Préparation des acides gras :*
      - saponification par la chaux.
      - — par l'acide sulfurique.
    - 2° *Séparation des acides gras solides*, et de l'acide oléique, trop fusible pour servir dans la fabrication des bougies : compression.
    - 3° *Moulage des bougies.*
- **Industrie des savons**
  - **Constitution des savons solubles**
    - Savons durs à base de soude (savon de Marseille, savon blanc).
    - Savons mous à base de potasse (savon noir, savon vert).
  - **Fabrication des savons durs** Diverses phases :
    - 1° *Empâtage :* on commence la saponification par des lessives faibles;
    - 2° *Relargage :* on sépare le savon formé et les acides gras, des lessives épuisées ;
    - 3° *Cuite ou coction :* on achève la saponification par des lessives fortes ;
    - 4° *Moulage du savon :*
      - refroidissement brusque : *savon marbré.*
      - refroidissement lent : *savon blanc.*
  - **Fabrication des savons mous**
    - La saponification se fait en une seule opération; le savon obtenu est toujours impur (excès d'alcali qui le rend très caustique).
  - **Usages des savons :** Blanchissage du linge et nettoyages divers.

BOUGIES

114. Fabrication.

Les bougies sont des mélanges d'acides gras solides à la température ordinaire. Leur fabrication comporte donc deux opérations distinctes :

1° *Préparation des acides gras*, qui se fait par la saponification des corps gras ;

2° *Séparation de l'acide oléique* (qui est liquide à la température ordinaire) *des acides solides.*

115. Préparation des acides gras.

La matière première employée est surtout le suif de bœuf, moins cher que celui du mouton ; on utilise aussi les huiles et les graisses de qualité inférieure, les résidus de dégraissage des tissus, etc. La saponification de ces graisses est faite soit par l'eau sous pression, procédé très peu employé, soit, le plus souvent, par la *chaux* ou par l'*acide sulfurique.*

a) **Saponification par la chaux.** — L'opération se fait en vase clos, dans un autoclave A (*fig.* 29). On y introduit le suif

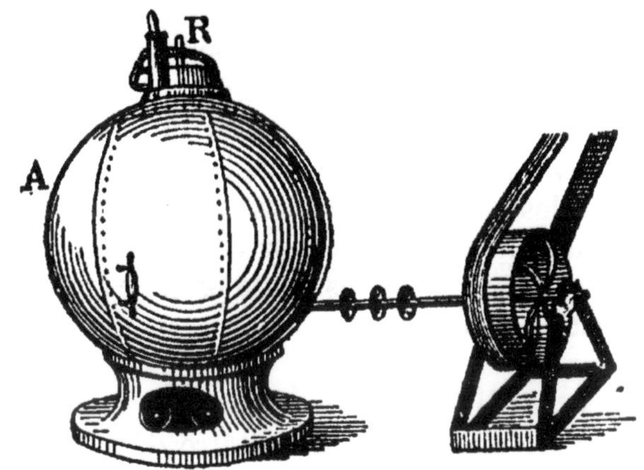

Fig. 29. — Autoclave pour la saponification calcaire.

avec de l'eau et une petite quantité de chaux (2 à 3 0/0 du poids du suif). Puis on chauffe le mélange en y faisant arriver de la vapeur d'eau surchauffée qui porte la température à 170° environ. Un agitateur mécanique brasse continuellement la masse. Au bout de huit heures, la saponification est terminée. On soutire la partie liquide, formée d'eau et de glycérine, tandis qu'il reste dans la cuve un mélange pâteux d'acides gras et de savons calcaires ; en y ajoutant de l'acide sulfurique, les savons se décomposent en sulfate de calcium insoluble, et en acides gras qui surnagent et qu'on peut soutirer. Ces acides sont lavés à l'eau bouillante, puis fondus et coulés en pains.

Remarque. — Il faut dans cette saponification une très petite proportion de chaux. On explique ce fait par l'action de l'eau à haute température sur les savons : la chaux saponifie le suif en donnant un savon calcaire; puis l'eau surchauffée décompose ce savon en acides gras et en chaux qui peut saponifier une nouvelle quantité de suif, et ainsi de suite. Cette saponification présente, sur la saponification par la vapeur d'eau employée seule, l'avantage de n'exiger qu'une température de 170° au lieu de 350°.

b) Saponification sulfurique. — Dans ce deuxième procédé, on utilise le fait que l'acide sulfurique, à haute température, décompose les corps gras, se combine avec les acides pour donner des composés sulfo-gras, et met la glycérine en liberté. Il suffit ensuite de reprendre par l'eau bouillante les acides sulfo-gras pour les décomposer en acide sulfurique et en acides gras qu'on sépare par décantation. On les lave et on les coule en pains comme après la saponification calcaire.

116. Séparation de l'acide oléique.

Le mélange d'acides gras doit être débarrassé de l'acide oléique qui rendrait les bougies trop fusibles. A cet effet, on comprime fortement les pains, au moyen d'une presse hydraulique; la compression se fait dans des sacs de toile, d'abord à froid, puis à 40° environ. On recueille l'acide oléique qui s'écoule, et on l'utilise dans la fabrication des savons.

117. Moulage des bougies.

Le mélange d'acide stéarique et d'acide margarique ayant

été purifié par plusieurs fusions et lavages à l'eau bouillante, il ne reste plus qu'à mouler les bougies. On coule les acides fondus dans des moules cylindriques de métal (*fig.* 30) dans l'axe desquels est tendue une mèche de coton tressé qui a été trempée dans une dissolution d'acide borique. Grâce au tressage, la mèche se recourbe dans la flamme à mesure que la bougie se consume, et vient brûler à l'air au lieu de charbonner; sa cendre donne avec l'acide borique une perle fusible qui s'écoule à mesure qu'elle se produit et rend le mouchage inutile. Au sortir des moules, les bougies sont blanchies par une exposition à la lumière, puis elles sont coupées à la longueur voulue, polies et empaquetées.

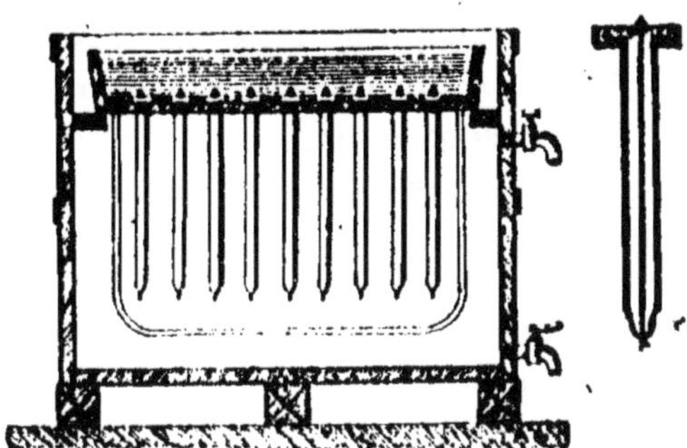

FIG. 30. — Moules pour la fabrication des bougies.

Les bonnes bougies doivent être d'un beau blanc; elles ne doivent ni couler, ni répandre de mauvaise odeur en brûlant, ni faire des taches de graisse sur les étoffes. Elles donnent une lumière douce, qui ne fatigue pas la vue lorsque la flamme est entourée d'un verre pour l'empêcher de vaciller. Mais ce mode d'éclairage est très coûteux.

SAVONS

118. Constitution des savons.

Lorsqu'on saponifie un corps gras par une base, la glycérine est mise en liberté, et il se forme un mélange d'oléates, de margarates et de stéarates qu'on désigne sous le nom de **savons**. *Les savons sont donc de véritables sels*, d'ailleurs les acides peuvent les décomposer en mettant en liberté les acides gras; c'est ainsi que nous avons pu, dans la fabrication des bougies (§ 115, *a*), isoler les acides gras du savon calcaire au moyen de l'acide sulfurique. Il peut y avoir double décomposition entre un sel et un savon comme entre deux sels; ainsi de l'eau chargée de sels de calcium donne avec le savon blanc soluble des grumeaux d'un savon calcaire insoluble. C'est la raison pour laquelle les eaux calcaires sont impropres au savonnage.

Les savons à base de potasse et de soude sont les seuls solubles dans l'eau; ils sont employés pour les usages domestiques. Les savons à base de soude sont désignés sous le nom de **savons durs**; les savons à base de potasse sont les **savons mous**. Ils s'obtiennent tous en *saponifiant des corps gras.*

119. Fabrication des savons durs (savon de Marseille).

Les corps gras employés sont les huiles de palme, d'arachide, d'œillette, les huiles d'olive de qualité inférieure, les vieilles graisses, etc.

Pour saponifier, on emploie des *lessives de soude caustique* obtenues en décomposant par la chaux une dissolution de soude brute ou carbonate de sodium.

Les lessives étant préparées, on opère la saponification des corps gras; l'opération comporte plusieurs phases.

1° *Empâtage.* — L'empâtage a pour but de commencer la saponification par des lessives faibles; il se fait dans de grandes chaudières chauffées soit à feu nu, soit par un courant de vapeur. On y introduit des lessives faibles auxquelles on ajoute peu à peu le corps gras. On fait bouillir quatre à cinq heures; puis on ajoute de la lessive un peu plus concentrée, et l'on fait bouillir de nouveau. Le liquide s'épaissit peu à peu et se transforme en une masse bien homogène, formée par de la glycérine, de l'eau, des savons, et des acides gras non combinés à de la soude.

2° *Relargage.* — Pour saturer tous ces acides libres, il faut ajouter de nouvelles quantités de soude ; mais, auparavant, on enlève les lessives épuisées mélangées au savon ; c'est le *relargage.* On utilise la propriété qu'a le savon d'être insoluble dans l'eau salée ; en ajoutant au mélange une lessive concentrée, additionnée de sel marin, le savon vient surnager avec les acides gras sous forme de grumeaux, tandis que la lessive occupe la partie inférieure de la chaudière et peut être soutirée.

3° *Cuite ou coction.* — Pour achever la saturation des acides par la soude, on fait bouillir le produit qui est resté dans la chaudière avec des lessives concentrées et salées. En renouvelant plusieurs fois ces lessives, on finit par saturer complètement les acides gras. Le savon brut est rassemblé à la surface du liquide en une masse bleu foncé, colorée par des savons à base de fer et d'alumine qui proviennent des impuretés de la soude ; il suffit de soutirer le liquide pour isoler ce savon.

Pour obtenir du **savon blanc** avec ce savon brut, on le délaye dans une lessive de soude chaude et très faible, qu'on laisse ensuite refroidir *lentement.* Le savon de fer et d'alumine étant insoluble se dépose, et la pâte blanche qui surnage est coulée dans des moules. Le bon savon blanc fabriqué actuellement est d'une pureté remarquable ; il est exempt d'alcali libre, contient de 63 à 64 0/0 d'acides gras et 29 à 30 0/0 d'eau. Si l'on délaye le savon brut dans une petite quantité de lessive et qu'on refroidisse *brusquement*, les savons de fer et d'alumine ne peuvent se séparer du savon de soude, et l'on obtient alors le **savon marbré**, ainsi appelé à cause des veines bleuâtres irrégulières ou marbrures qui existent dans la masse. Les savons de fer et d'alumine, étant insolubles, n'ont aucune utilité dans le savonnage. Cette production diminue d'ailleurs chaque année.

Les **savons de toilette** s'obtiennent avec des corps gras de première qualité ; ils sont colorés par des couleurs d'aniline, et parfumés avec des essences diverses. On obtient le *savon transparent*, dit savon à la glycérine, en dissolvant le savon blanc dans de l'alcool chaud et en laissant refroidir lentement la dissolution dans des moules où elle se solidifie ; la transparence n'apparaît qu'après plusieurs semaines.

120. Fabrication des savons mous.

Les savons mous, appelés encore *savons noirs* ou *savons verts*, sont toujours à base de potasse. Les corps gras employés dans leur fabrication sont les huiles de colza, de chènevis, d'œillette et l'acide oléique provenant de la fabrication des bougies. Ces savons sont colorés artificiellement, soit par du tanin (savons noirs), soit par du sulfate d'indigo (savons verts). Leur fabrication est très simple : on fait bouillir les huiles ou l'acide oléique avec des lessives de potasse caustique ; puis, quand la saponification est achevée, on évapore le mélange jusqu'à consistance pâteuse et on le coule dans des tonneaux. On ne prend pas autant de soin que pour la préparation des savons durs, parce que les savons mous, étant donnés leurs usages, peuvent sans inconvénient renfermer un excès d'alcali et diverses impuretés provenant des matières premières.

121. Usages des savons.

Les savons sont très employés pour le blanchissage et pour les nettoyages ; le savon blanc et le savon marbré servent pour le blanchissage du linge, des étoffes de coton et parfois des étoffes de laine ; le savon blanc sert, de plus, pour les soins de toilette. Les savons mous servent au blanchissage des tissus grossiers, au dégraissage de la laine, au nettoyage des parquets, etc. Ils ne pourraient servir à blanchir le linge fin, car ils sont très caustiques à cause de l'excès d'alcali qu'ils contiennent. On pense que les savons agissent, dans le blanchissage et dans les nettoyages, à la manière des alcalis faibles, c'est-à-dire en *saponifiant* les corps gras avec lesquels ils sont en contact ; il se forme de la glycérine et des sels solubles qui sont enlevés par l'eau, et les taches de graisse disparaissent.

122. Expériences. — *Bougies et savons.* — Enlever une tache de bougie au moyen d'un fer chaud ; la bougie est donc formée de principes facilement fusibles.

Préparation des cristaux d'acide stéarique.

Dans un petit ballon à long col, dissoudre des fragments de bougie par de l'alcool (90°) bouillant. Décanter l'alcool dans un verre ; en se refroidissant il laisse déposer des cristaux d'acide stéarique. Sécher les cristaux sur du papier buvard. Les examiner.

CHAPITRE XV

BLANCHISSAGE. — DÉGRAISSAGE DÉTACHAGE

PLAN

Blanchissage	Il comprend diverses opérations : 1° Triage. 2° Essangeage. 3° Lessivage. 4° Lavage. 5° Rinçage. 6° Azurage. 7° Séchage. 8° Repassage.
Dégraissage	S'applique aux tissus teints dont la couleur serait altérée par la lessive. 1° Savonnage dans l'eau tiède. 2° Nettoyage à sec (benzine).
Détachage	On met à profit les propriétés physiques ou chimiques de certains corps : 1° Par dissolution : eau, benzine, vaseline. 2° Par neutralisation : ammoniaque, acide citrique. 3° Par réduction : anhydride sulfureux ; eau de Javel. 4° Par oxydation : eau oxygénée permanganate de potasse. 5° Par transformation en tache soluble : acide citrique, oxalique.

BLANCHISSAGE DU LINGE

123. Le blanchissage du linge comprend plusieurs opérations successives : 1° le *triage ;* 2° l'*essangeage ;* 3° le *lessivage ;* 4° le *lavage ;* 5° le *rinçage* et l'*azurage ;* 6° le *séchage ;* 7° le *repassage.*

1° *Triage.* — Le triage a pour but de séparer le linge à blanchir en plusieurs catégories, d'après sa finesse et son degré de malpropreté.

2° *Essangeage.* — Cette seconde opération consiste à tremper le linge dans de l'eau froide, et à le débarrasser, par un premier savonnage, d'une partie des matières grasses qui l'imprègnent; en le laissant tremper dans l'eau froide, on le débarrasse aussi des matières solubles dans l'eau, telles que l'albumine.

Dans certains cas d'épidémie ou de maladie contagieuse, le linge contaminé doit être lavé à part, les eaux qui ont servi à l'essangeage doivent être désinfectées avant d'être jetées.

3° *Lessivage ou coulage.* — Le lessivage a pour but de saponifier les corps gras qui salissent le linge, et par suite de les rendre solubles dans l'eau. On emploie à cet effet le *savon*, le *carbonate de sodium* et quelquefois les *cendres*. Pour avoir une saponification complète, il faut que la dissolution alcaline obtenue à l'aide de l'un de ces corps passe un grand nombre de fois sur le linge. On arrive à ce résultat par divers procédés. Dans les familles on se sert le plus souvent d'une lessiveuse, appareil formé d'une cuve de tôle galvanisée en forme de tronc de cône (*fig.* 31). A l'intérieur de cette cuve, on peut placer un tuyau AB terminé à la partie supérieure par une sorte de pomme d'arrosoir et à la partie inférieure par un disque percé de trous qui partage la cuve en deux compartiments inégaux, C et D. On emplit le com-

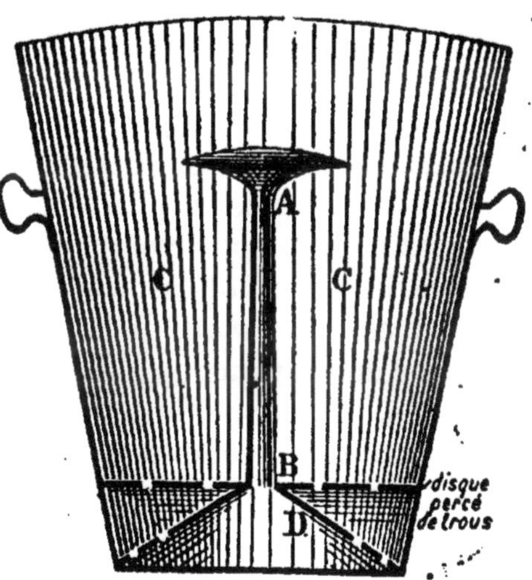

FIG. 31. — Coupe d'une lessiveuse.

partiment inférieur D de la dissolution alcaline, faite généralement avec du carbonate de sodium et du savon. Puis le linge est placé dans le compartiment C, sur le disque B, dans l'ordre suivant : 1° linge grossier; 2° linge fin; 3° nouvelle couche de linge grossier. De cette façon le linge le plus fin est le mieux protégé. La lessiveuse est alors fermée par un couvercle, puis on la chauffe.

L'eau, à mesure qu'elle s'échauffe, se dilate et monte dans le tuyau AB, mais elle est surtout pressée de plus en plus par la vapeur qui se forme, et, lorsqu'elle est arrivée en haut du tube, elle retombe en pluie sur le linge, qu'elle traverse peu à peu pour revenir, en passant par les trous du disque B, dans le compartiment inférieur de la lessiveuse. Là elle est de nouveau pressée par la vapeur, recommence à s'élever dans le tube, et ainsi de suite. Grâce à cette circulation fréquemment répétée de la lessive, le linge se trouve parfaitement dégraissé, et il ne reste guère qu'à le rincer.

Ce procédé de lessivage est donc très pratique, puisqu'il supprime à peu près complètement la maind'œuvre Aussi remplace-t-il de plus en plus le lessivage aux cendres, dans lequel les lessives sont chauffées dans une chaudière indépendante du cuvier où se trouve le linge, et doivent être transportées *à la main* de la chaudière dans le cuvier; la fatigue est donc beaucoup plus grande qu'avec la lessiveuse, et, de plus, le coulage dure dix ou douze heures, au lieu de cinq ou six. Aussi n'emploie-t-on plus guère ce procédé que dans les campagnes.

4° *Lavage ou savonnage.* — Par le savonnage, on enlève les dernières taches ayant résisté au lessivage. Cette opération est réduite à peu de chose, quand la lessive a été bien faite.

5° *Rinçage et azurage.* — Il ne reste plus qu'à bien rincer le linge à l'eau froide, pour le débarrasser de l'eau de savon et de la lessive qu'il contient. Puis on le met *au bleu* pour faire disparaître la teinte jaune qu'il présente d'ordinaire, et la remplacer par une teinte bleutée plus agréable à l'œil; c'est l'*azurage*, obtenu en trempant le linge dans une dissolution de bleu d'indigo soluble ou de bleu d'outremer.

6° *Séchage.* — Le séchage a pour but de faire évaporer l'eau qui imprègne le linge. Après avoir tordu le linge avec précaution, on l'étend à l'air libre, ou on le sèche dans des étuves à air chaud; dans les blanchisseries, on le fait quelquefois passer sur des cylindres métalliques creux chauffés intérieurement par un courant de vapeur.

7° *Repassage.* — Le repassage a pour but de faire disparaître les plis du tissu; il est quelquefois précédé de l'empesage, qui sert à donner de l'apprêt et de la raideur au linge; on empèse généralement avec de l'empois d'amidon.

DÉGRAISSAGE ET DÉTACHAGE

124. *Dégraissage des tissus.* — Les procédés de nettoyage précédents ne peuvent s'appliquer aux étoffes de coton tissus teintés ou imprimés car la lessive chaude affaiblirait ou altérerait leur couleur, aussi doit-on se contenter de les savonner dans une eau tiède, puis de les rincer à l'eau pure.

Pour les tissus de laine, les procédés varient avec la nature de l'objet : les bas, les flanelles se lavent à l'eau tiède savonneuse, mais il faut éviter de les tordre car cette opération les durcit.

Les autres vêtements se nettoient le plus souvent à la benzine (nettoyage à sec des teinturiers).

125. *Détachage des vêtements.* — Les procédés pour enlever les taches sont nombreux, ils varient d'ailleurs avec la nature de la tache et celle du tissu.

Nous n avons pas à entrer ici dans le détail de ces différentes opérations qui sont du domaine de l'économie domestique; nous nous bornerons seulement à montrer par quelques exemples, comment la connaissance des propriétés physiques ou chimiques des corps permet de comprendre les procédés employés par les ménagères ou les teinturiers pour détacher les étoffes.

I. *Emploi des dissolvants.*

a) *Eau.* — On se sert d'eau pure ou d'eau de savon pour enlever les taches de sirop, de sucre, de gélatine.

b) *Benzine.* — Les corps gras, insolubles dans l'eau, sont aisément enlevés par la benzine.

c) *Vaseline.* — Le cambouis, le goudron, la peinture, le vernis gras peu solubles dans la benzine sont au contraire solubles dans un corps gras comme le beurre ou la la vaseline. On enlève ensuite ce corps gras avec la benzine.

II. *Neutralisation chimique.*

a) *Ammoniaque.* — On emploie l'ammoniaque plus ou moins étendue d'eau, pour enlever les taches d'acides, de vinaigre, de fruits acides.

b) *Acide citrique.* — L'acide citrique est employé pour neutraliser les taches d'alcali.

III. *Réduction.*

On enlève certaines taches de vin, de fruits, en mouillant l'étoffe et en la soumettant ensuite au gaz sulfureux (corps réducteur).

On peut également employer de l'eau de Javel étendue (le chlore est réducteur, en présence de l'eau).

IV. *Oxydation.*

Les couleurs d'aniline, les taches de fruits, de sueur, de sang, sont détruites par oxydation.

On emploie à cet effet, soit l'eau oxygénée, soit un corps très oxydant, le permanganate de potassium (solution au $\frac{1}{1000}$) et l'on détruit la coloration spéciale qu'il donne au tissu par une solution à 25 0/0 de bisulfite de sodium.

V. *Formation d'un produit soluble.*

Pour enlever les taches d'encre (sel de fer) ou de rouille, on les traite par une solution étendue d'acide chlorhydrique, d'acide oxalique, ou d'acide citrique, car le chlorure, l'oxalate, le citrate de fer formés sont solubles dans l'eau.

126. Expériences. — Préparer une lessive, nettoyer quelques chiffons. — Préparer de l'empois d'amidon. Enlever des taches de sucre, de graisse, de cambouis, de vin, de fruits, d'encre.

CHAPITRE XVI

MATIÈRES ALBUMINOÏDES

PLAN

I Propriétés générales	Sont toutes formées de carbone, hydrogène, oxygène, azote avec un peu de soufre.	
II Albumine	Existe dans le blanc d'œuf.	
	Se coagule	par la *chaleur*.
		par l'*alcool* (collage des vins).
		par les *sels métalliques* (contrepoison des sels de mercure et de cuivre).
III Fibrine	Existe dans le sang.	
	Se coagule à l'*air* à la température ordinaire.	
IV Caséine	Existe dans le fromage.	
	Se coagule	par les *acides* (coagulation par l'acide lactique, quand le lait tourne).
		par la *présure* (fabrication du fromage).
	Est soluble dans les alcalis.	
V Peptones	Résultent de la transformation des matières albuminoïdes par le suc gastrique et le suc pancréatique.	
VI Gélatine	Résulte de la transformation de l'osséine par l'eau bouillante ou par l'eau surchauffée en vases clos.	
	Fabrication à partir	des *os* (gélatine proprement dite).
		des *tendons*, des *débris de peaux* (colle forte).
		de la *vessie natatoire de l'esturgeon* (colle de poisson).
	Propriétés	Se gonfle dans l'eau froide.
		Se dissout dans l'eau chaude, puis se prend par refroidissement en gelée.
		Est précipitée de sa dissolution par l'alcool et le tanin (collage des vins).
	Usages	Ebénisterie ; menuiserie.
		Apprêt des étoffes, collage des vins, etc.

127. Propriétés générales.

Les matières *albuminoïdes* sont des substances azotées qu'on trouve en abondance dans les tissus animaux et végétaux; elles ont pour type l'*albumine* du blanc d'œuf. Ce sont des composés qui ont tous à peu près la même composition chimique; ils renferment toujours du **carbone**, de l'**oxygène**, de l'**hydrogène**, de l'**azote**, et une petite quantité de **soufre**. Ils sont solides, généralement incristallisables, et n'ont ni odeur ni saveur. Les uns sont solubles dans l'eau, les autres insolubles; mais ceux-ci peuvent se dissoudre dans certains liquides animaux ou végétaux, tels que le lait, le sang, etc. Les matières albuminoïdes sont très diverses; nous n'étudierons que les principales variétés: **albumine, fibrine, caséine, gluten,** ainsi que certaines substances voisines des matières albuminoïdes: l'**osséine** et la **gélatine**.

128. Albumine.

L'albumine en dissolution dans l'eau forme la majeure partie du *blanc de l'œuf* des oiseaux; elle existe aussi dans le sérum du sang. Si on l'extrait du blanc d'œuf, par exemple, on obtient un corps solide, blanc, transparent et donnant avec l'eau une solution visqueuse. La propriété essentielle de sa dissolution est de pouvoir se **coaguler** sous l'influence de la *chaleur*, ou sous l'action de divers composés. Chauffée vers 75°, elle se transforme en une masse blanche, insoluble dans l'eau (œuf cuit). C'est de l'albumine coagulée qui forme l'écume, à la surface de l'eau dans laquelle on fait cuire de la viande. — La coagulation de l'albumine par la chaleur la fait employer pour clarifier les sirops de sucre.

Les *acides* déterminent la coagulation de l'albumine à froid; il en est de même de l'*alcool*, c'est pourquoi l'on emploie le blanc d'œuf pour clarifier les vins et les liqueurs: le réseau qu'elle forme en se coagulant emprisonne les matières en suspension et les amène à la surface du liquide.

Les *sels métalliques* donnent avec l'albumine des composés insolubles; aussi l'emploie-t-on comme contrepoison des sels vénéneux, tels que les sels de cuivre et de mercure.

129. Fibrine.

La fibrine se distingue de l'albumine en ce qu'elle se coagule à l'*air* à la température ordinaire. Elle existe dans le *sang* et dans la chair des animaux; on l'extrait du sang encore chaud en le battant avec un petit balai; la fibrine s'attache aux brindilles du balai sous forme de filaments qu'on lave longuement à l'eau, puis à l'alcool et à l'éther pour enlever les globules et les matières grasses qu'ils ont pu retenir. Si on laisse le sang à l'air sans l'agiter comme précédemment, la fibrine, en se coagulant, emprisonne les globules sanguins et forme une partie solide, le *caillot*, qui se sépare de la partie liquide du sang, ou *sérum* (sang caillé ou coagulé). La fibrine est une masse blanche, fibreuse, élastique et molle à la température ordinaire, mais qui devient dure et cassante par la dessiccation. Elle est insoluble dans l'eau, soluble dans les alcalis.

130. Caséine.

La caséine est une matière albuminoïde contenue dans le *lait;* elle est caractérisée par sa propriété de se coaguler sous l'influence des *acides* en grumeaux blancs floconneux. La coagulation peut avoir lieu aussi sous l'action de l'*alcool*, de certains *sels*, de la *présure*, substance extraite de la caillette des veaux, par macération. Cette propriété est appliquée dans la fabrication des fromages.

Lorsque le lait est abandonné à lui-même, la coagulation de la caséine se produit aussi, rapidement pendant les fortes chaleurs, plus lentement en hiver. On dit que le lait *tourne*. Cette coagulation est encore due à un acide, l'*acide lactique*, produit par la fermentation du lactose ou sucre du lait.

La caséine est insoluble dans l'eau, mais soluble dans les alcalis étendus; on emploie le bicarbonate de sodium pour empêcher le lait de tourner, on sature ainsi l'acide lactique à mesure qu'il se forme, et le lait conserve son alcalinité.

Il existe dans les graines des légumineuses une matière albuminoïde, à peu près identique à la caséine, appelée *légumine;* elle constitue la partie la plus nutritive des haricots, des lentilles et des pois.

131. Gluten.

Le gluten est associé à l'amidon dans la farine; c'est un mélange complexe de plusieurs matières albuminoïdes parmi lesquelles se trouvent une matière identique à la caséine et une autre identique à la fibrine. C'est le gluten qui donne au pain et aux pâtes alimentaires leur plus grande valeur nutritive.

132. Peptones.

Toutes les matières albuminoïdes contenues dans les aliments sont nécessaires à l'organisme pour réparer les pertes de produits azotés qu'il subit et servir à la formation de cellules nouvelles. — Mais ces matières ne sont pas directement assimilées; elles sont transformées d'abord, au contact du suc gastrique et du suc pancréatique, en substances désignées sous le nom de peptones. Les peptones sont très nombreuses; à chaque matière albuminoïde correspondent une ou plusieurs peptones. Mais toutes sont solubles dans l'eau, et *directement assimilables ;* de plus leurs dissolutions ne sont coagulées ni par la chaleur ni par les acides.

133. Osséine et gélatine.

La gélatine est une matière azotée qui se distingue des matières albuminoïdes proprement dites par l'absence de soufre.

Elle n'existe pas à l'état libre dans les tissus, mais s'obtient facilement au moyen d'une substance existant dans certains tissus animaux et désignée sous le nom d'osséine; la transformation de l'osséine en gélatine se fait sous l'action de l'eau bouillante ou de l'eau chauffée au-dessus de 100° en vases clos.

Fig. 32. — Chaudière pour l'extraction de la gélatine des os.

On obtient la gélatine, soit à partir des os, soit à partir des tendons, des cartilages, de la peau, etc. Les os renferment des sels minéraux, phosphate et carbonate de calcium, et de l'osséine; si l'on dissout la matière minérale dans l'acide chlorhydrique, il reste l'osséine, masse molle et élastique que l'eau bouillante transforme ensuite en gélatine. Mais le plus souvent les os sont directement chauffés avec de l'eau, dans un autoclave (*fig.* 32); la gélatine formée se dissout dans l'eau dont elle se sépare ensuite par refroidissement. Les débris de peaux provenant des tanneries, les tendons, etc., sont traités de la même façon par de l'eau surchauffée, et la gélatine impure, obtenue, porte le nom de **colle forte**. — La **colle de poisson** est de la gélatine pure obtenue avec la membrane interne de la vessie natatoire de l'esturgeon (*fig.* 33).

La gélatine est une matière neutre, transparente, incolore et inodore quand elle est pure, dure et cassante quand elle est sèche, mais élastique et flexible dès qu'elle est un peu humide. Elle est insoluble dans l'eau froide, dans laquelle

elle se gonfle et se ramollit; elle se dissout dans l'eau chaude et se prend par le refroidissement en une gelée transparente, même quand la dissolution ne contient que 1 0/0 de gélatine.

L'alcool précipite la gélatine de ses dissolutions, d'où l'emploi de la colle de poisson pour clarifier les vins. C'est parce que la gélatine forme un composé imputrescible avec le tanin que celui-ci peut servir dans le tannage des peaux.

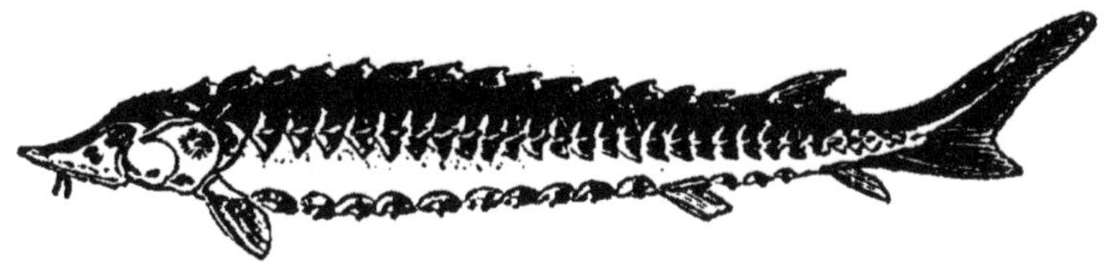

Fig. 33. — Esturgeon : sa longueur peut atteindre 7 mètres et son poids 1.200 kilogrammes.

Les usages de la gélatine sont assez nombreux. La colle forte, dissoute dans l'eau chaude, est employée dans l'ébénisterie et dans la menuiserie. La colle de poisson sert pour *apprêter* les étoffes, les gazes, les fleurs artificielles, pour coller le vin et la bière, pour fabriquer les gelées alimentaires. On emploie aussi la gélatine pour la fabrication des papiers glacés, des pains à cacheter, de la colle à bouche, pour la préparation des plaques photographiques dites au *gélatino-bromure*, pour le collage du papier, etc.

134. Expériences. — Chauffer du blanc d'œuf liquide dans un tube à essai pour faire observer la coagulation.

Verser de l'acide chlorhydrique ou du vinaigre fort dans du lait frais; immédiatement la caséine se coagule.

Faire macérer un os dans de l'acide chlorhydrique; on obtient l'osséine. — Rappeler que, lorsqu'on fait cuire des os avec de la viande, une partie du jus se prend en gelée ou en gélatine par le refroidissement; pour fabriquer soi-même de la *gelée*, il suffit de faire bouillir pendant quelque temps de l'eau avec des os et des débris obtenus en « parant » des viandes.

CHAPITRE XVII

ÉTUDE DES PRINCIPAUX ALIMENTS

PLAN

- **I. Œufs**
  - *Blanc* : eau, *albumine*, sels minéraux, graisses.
  - *Jaune* : eau, *matières grasses*, matière albuminoïde, sels minéraux.
- **II. Lait**
  - Globules *graisseux* : crème (fabrication du beurre).
  - Lait écrémé
    - *caséine*, se séparant par coagulation (fabrication du fromage).
    - petit-lait ou sérum
      - *eau.*
      - *sucre de lait.*
      - *sels minéraux.*
      - *albumine.*
- **III. Viande**
  - *fibrine, myosine, albumine.*
  - matières *grasses.*
  - *sels minéraux.*
  - *eau.*
  - matières se gélatinisant par la coction.
- **IV. Pain**
  - Renferme gluten, amidon, eau, sels minéraux.

COMPOSITION GÉNÉRALE DES ALIMENTS

135. Les aliments sont en général des substances complexes, formées d'un nombre plus ou moins grand de principes immédiats, dont les principaux sont : les **matières albuminoïdes**, les **hydrates de carbone** (féculents, sucres), les **corps gras**. Quelques-uns renferment en outre des **sels minéraux** (chlorure de sodium, phosphates, etc.), et tous contiennent de l'**eau**. Toutes ces substances sont nécessaires à l'organisme ; la valeur nutritive d'un aliment dépend donc de la *nature* et de la *proportion* des principes immédiats qu'il contient. Un aliment n'est complet que s'il renferme *tous* les principes immédiats précédents, dans une *proportion suffisante* pour entretenir la vie sans perte de poids pour l'individu. Le lait est le type de l'aliment complet; en général les aliments sont incomplets, aussi une alimentation rationnelle doit être constituée par des aliments variés. Il serait nécessaire, pour établir cette alimentation sur des bases scientifiques, de connaître la composition et par suite la valeur nutritive de tous les aliments. Nous n'étudierons ici que celle des aliments les plus employés.

136. Œufs.

Le contenu des œufs est formé de deux parties : le *blanc*, qui renferme 87 0/0 d'eau, 12 0/0 d'albumine et 1 0/0 de sels minéraux et de corps gras; le *jaune*, qui renferme de l'eau, une matière albuminoïde appelée *vitelline* (16 0/0), des matières grasses (29 0/0), et une petite quantité de matières colorantes et de sels minéraux.

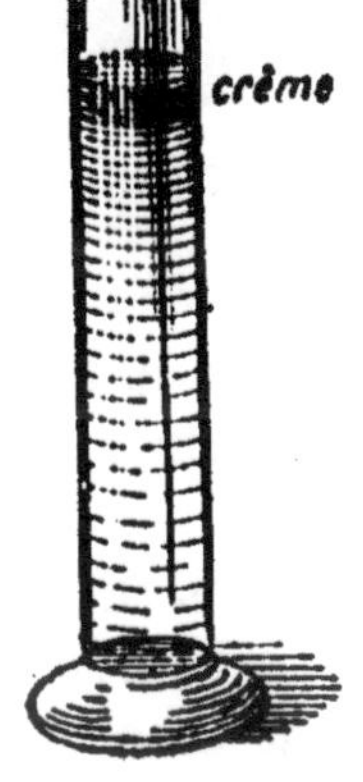

Fig. 34. — Lait avec crème.

137. Lait.

Le lait est l'aliment exclusif des enfants nouveau-nés et de certains malades. Sa composition chimique varie avec son origine et, pour un même animal, avec la nourriture et le genre de vie; c'est le lait de vache qu'on emploie le plus souvent dans l'alimentation. Abandonné à lui-même, il se sépare bientôt en deux couches (*fig.* 34) : à la partie supérieure se trouve la crème, substance d'un blanc jaunâtre, onctueuse et épaisse, formée principalement de *globules gras* (*fig.* 35). La couche inférieure, liquide, est composée d'eau, de caséine, de sucre de lait et de sels minéraux; si l'on y ajoute de la présure, la caséine se coagule, et il reste un liquide, le sérum ou petit-lait, qui ne renferme plus que le lactose, les sels minéraux et l'albumine (*fig.* 36).

Le lait est un excellent aliment; malheureusement, il

est souvent falsifié et perd ainsi une partie de sa valeur nutritive. Le plus souvent, la falsification consiste à enlever de la crème et à ajouter de l'eau; si l'addition d'eau est telle qu'elle compense juste l'augmentation de densité qu'on produit en enlevant la crème, il est difficile de se rendre compte de la falsification; les aréomètres ne peuvent l'indiquer. Lorsqu'on soupçonne que du lait est falsifié, le meilleur moyen pour s'en assurer est de le faire analyser par un laboratoire municipal.

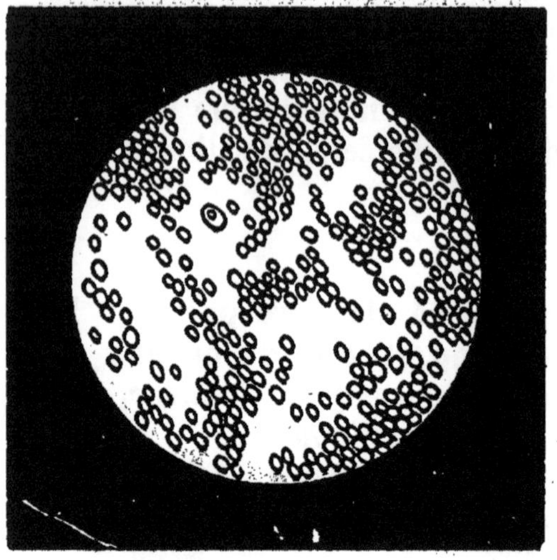

Fig. 35. — Goutte de lait vue au microscope.

Avec le lait on fabrique deux aliments importants, le beurre et le fromage.

138. Beurre.

Le beurre est formé par la crème du lait, dont on a aggloméré les globules par le battage (*fig.* 37). C'est un aliment précieux à cause des matières grasses qui le constituent et qui produisent par leur combustion dans l'organisme une grande quantité de chaleur.

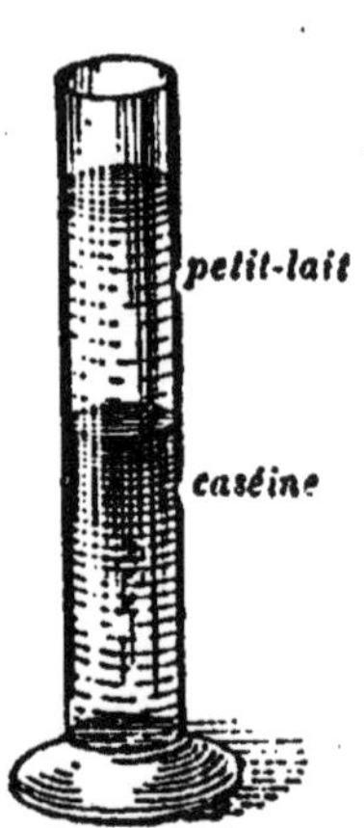

Fig. 36. — Lait caillé.

Les procédés de fabrication du beurre ont été entièrement renouvelés par l'emploi de machines appropriées.

Écrémage. — Au lieu de laisser la crème se séparer naturellement du lait, on l'en extrait à l'aide d'appareils spéciaux : *écrémeuses centrifuges* (*fig.* 39), qui, en permettant une séparation rapide, mettent la crème à l'abri des ferments divers qu'un long séjour à l'air ne manquerait pas d'y apporter.

Fig. 37. — Fabrication du beurre.

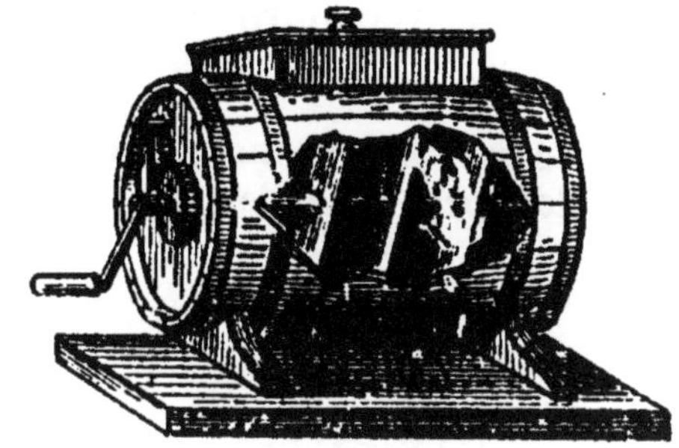

Fig. 38. — Baratteuse mécanique.

Barattage. — A l'antique procédé de battage à la main on substitue le barattage mécanique.

L'appareil le plus simple est un tonnelet (*fig.* 38), traversé à son intérieur par un axe mobile muni d'ailettes en bois, mû extérieurement par une manivelle.

Délaitage et *malaxage.* — Ces opérations qui se font aussi mécaniquement ont pour but de débarrasser le lait du petit-lait et de la caséine que le beurre peut encore renfermer et

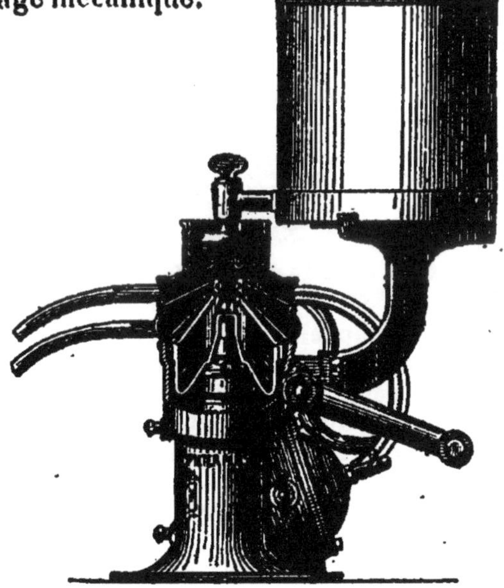

Fig. 39. — Ecrémeuse centrifuge.

qui, par leur fermentation ultérieure, nuiraient à sa bonne conservation.

Le beurre produit mécaniquement est d'un goût fin, il se conserve longtemps frais, et sa vente assurée est rémunératrice, aussi est-il désirable de voir l'emploi des procédés mécaniques se répandre de plus en plus dans les campagnes.

130. *Beurres végétaux.* — On désigne sous le nom de beurres végétaux des corps gras d'origine végétale, qui peuvent remplacer le beurre dans beaucoup de préparations culinaires. Ce sont : l'huile de coton, de cocotier et l'huile de palmiste.

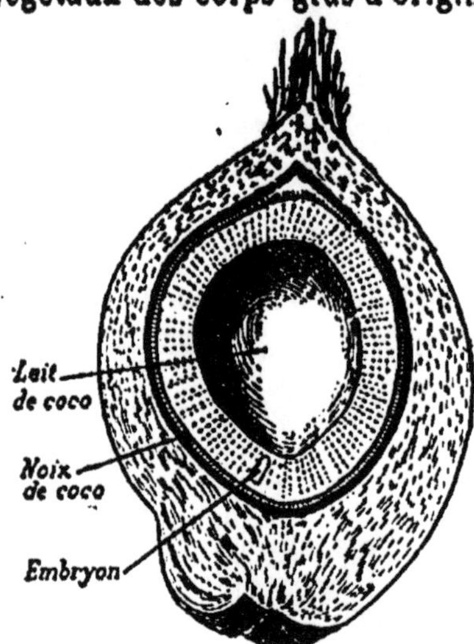

Fig. 40. — Noix de coco coupée en long.

De l'huile de coton on tire un corps gras de couleur jaune semblable au beurre et de saveur désagréable. On l'emploie beaucoup aux Etats-Unis. En France elle entre dans la fabrication de la margarine (§ 108).

L'huile de coco s'extrait par compression de l'amande du fruit du cocotier (*fig.* 40) à la façon de l'huile de noix. Après raffinage elle se présente sous l'aspect de pains blancs de consistance dure et cassante. Son goût rappelle un peu celui de la noisette, elle fond vers 25°. On la trouve dans le commerce sous des noms divers : cocose, végétaline, etc., au prix de 1 fr.40 le kilogramme.

L'huile de palmiste s'extrait de l'amande du fruit d'un palmier : elle fond vers 28°. Par ses propriétés elle est analogue à la précédente.

L'usage des beurres végétaux a pris dans ces dernières années une grande extension en France. La production, actuellement assurée par trois usines établies à Marseille, s'élève à près de 20.000 tonnes. Ce succès se justifie par le bon marché des graisses végétales et leur réelle valeur alimentaire.

140. Fromage.

Le fromage est constitué essentiellement par la caséine du lait qu'on a fait coaguler ; les fromages gras renferment en outre de la crème, car elle n'est pas encore montée à la surface quand on détermine la coagulation du lait. Tantôt les fromages sont mangés frais (fromages blancs), tantôt ils sont au préalable fermentés (Brie, Roquefort, etc.); dans ce cas, les fermentations produisent des composés divers qui donnent aux fromages une saveur et une odeur plus ou moins forte.

Tous les fromages constituent un aliment très nourrissant par les substances azotées et parfois les corps gras qu'ils renferment; une alimentation composée exclusivement de pain et de fromage gras serait suffisante.

141. Viande.

La viande a une composition très variable suivant son origine; mais on y trouve toujours les mêmes principes immédiats. Elle renferme de la fibrine et de la myosine, de l'albumine, des matières grasses, des matières se gélatinisant par la coction, des sels minéraux, et une grande proportion d'eau.

Sa valeur nutritive résulte surtout des matières azotées qu'elle contient; mais bien qu'elle renferme tous les principes immédiats nécessaires à l'organisme, *elle n'est pas un aliment complet*.

La viande est rarement consommée crue, bien qu'elle soit à cet état beaucoup plus digestible qu'après la cuisson. On la fait cuire pour développer un arome qui la rend agréable à manger et favorise la sécrétion du suc gastrique; en outre, par la cuisson, on tue les parasites qu'elle peut contenir et qui produiraient dans l'organisme des troubles plus ou moins graves.

La viande *rôtie* et la viande *grillée* sont les plus nutritives, car les parties extérieures, brusquement portées à une température supérieure à 70°, se sont coagulées, et ont empêché les sucs nutritifs de la viande de s'écouler. La viande de *pot-au-feu*, que l'on a au contraire immergée dans l'eau froide, puis élevée progressivement à la température d'ébullition et maintenue plusieurs heures à cette température, n'a presque plus aucune valeur nutritive. Quant au bouillon provenant de cette cuisson, il renferme peu de matières albuminoïdes et de matières grasses, puisqu'il a été *écumé* et souvent *dégraissé*; il paraît agir surtout comme excitant de la sécrétion gastrique, et, comme tel, il est souvent prescrit aux convalescents.

142. Pain.

Le pain est de la pâte de farine que l'on a pétrie, puis soumise à la fermentation et fait cuire. C'est presque toujours de la farine de blé qu'on emploie ; elle renferme de l'amidon, du gluten, des matières sucrées, des matières grasses, quelques sels minéraux. Les autres farines renferment les mêmes principes, en proportions différentes ; en particulier, elles contiennent peu de gluten, aussi la pâte qu'elles donnent lève mal.

Pour fabriquer le pain, on fait une pâte avec un mélange de farine et d'eau, auquel on ajoute un peu de sel et de la levure de bière ou du levain, pâte aigrie provenant d'une opération antérieure. La pâte, longuement pétrie, est abandonnée à une douce chaleur dans des corbeilles garnies intérieurement de toile, et elle ne tarde pas à fermenter. Sous l'influence de la levure, le glucose de la farine se transforme en alcool et en anhydride carbonique qui se dégage dans l'intérieur de la pâte, la soulève et la gonfle, grâce à l'élasticité du gluten. Lorsque la pâte est levée, on la place dans un four où elle est brusquement portée à une température de 250 à 300°. Une partie de l'eau se vaporise ; la surface extérieure de la pâte se durcit et se caramélise en formant la croûte ; les gaz intérieurs n'ayant pas le temps de s'échapper, distendent la masse interne et la criblent de trous, en formant la mie. La cuisson dure environ une demi-heure.

La croûte, qui a été portée à une température plus élevée que la mie, renferme moins d'eau et elle est plus nourrissante.

143. Pétrissage mécanique.

Le pétrissage à la main n'est pas sans inconvénients au point de vue de la propreté et de l'hygiène.

Des expériences sévèrement conduites par la chambre syndicale de la boulangerie, à Paris([1]), ont montré que dans une pétrissée de 173 kilogrammes de pâte, l'ouvrier perd, soit par les poumons, soit par la sueur qui ruisselle le long de son corps, le chiffre énorme de 340 grammes d'eau qui, pour la plus grande part, tombe dans la pâte et s'y incorpore.

D'autre part, d'après M. Laveran, membre de l'Institut et de l'Académie de médecine([2]), s'il n'est pas prouvé que les bacilles provenant des gouttelettes de salive d'un ouvrier tuberculeux résistent à la température de cuisson (100 à 102° pour la mie), il n'en demeure pas moins que, même tués, ils peuvent provoquer des irritations et des inflammations de la muqueuse intestinale. M. Laveran conclut que l'adoption des pétrins mécaniques est le meilleur moyen d'empêcher la souillure du pain par les ouvriers tuberculeux.

Pour toutes ces raisons on commence à substituer le pétrissage mécanique (*fig.* 41) au pétrissage à main.

Dans les expériences mentionnées plus haut, établies

([1]) Rapport à l'Académie de médecine par le Dr Railliet (*Revue scientifique*, 30 octobre 1909).

([2]) *Revue scientifique*, 5 février 1910.

précisément pour comparer les deux modes de pétrissage, il *fut impossible aux boulangers experts d'établir aucune différence* dans l'aspect, la qualité, la digestibilité entre les pains pétris mécaniquement et ceux pétris à la main. Le rendement était exactement le même, mais l'économie du premier procédé sur le second fut manifeste puisque le pétrissage de 173 kilogrammes de pâte pour 145 kilogrammes de pain revint, dans ce cas, de 6 à 8 centimes.

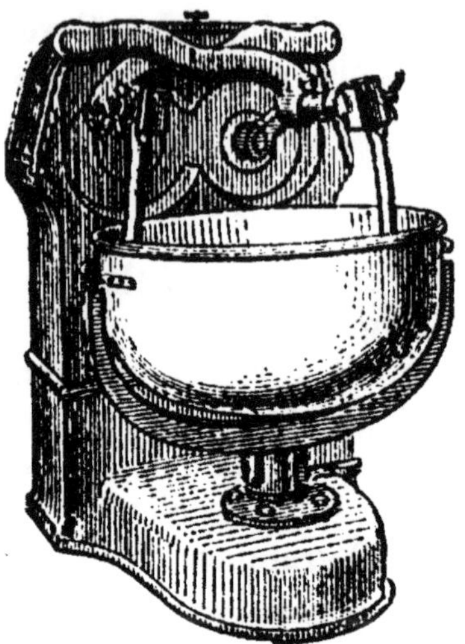

Fig. 41. — Pétrin mécanique.

Ainsi « le pétrin mécanique effectue le pétrissage tout aussi bien que la main de l'homme ; il le produit à un prix beaucoup moins élevé ; il supprime la fatigue excessive du gindre, dommageable pour sa santé; il donne enfin complète satisfaction aux exigences de l'hygiène ».

144. Expériences. — Faire cailler du lait à l'aide d'une petite quantité de présure. Observer les deux couches formées : caséine et petit-lait. Vérifier la présence du lactose dans le petit lait en le chauffant dans un tube à essai avec la liqueur de Fehling (§ 34). Laisser cailler du lait spontanément et constater ensuite au tournesol qu'il est devenu acide (acide lactique). Réaliser dans un tube à essai la digestion artificielle de la viande à l'aide de la pepsine. Pétrir de la farine sous l'eau. Séparer l'amidon du gluten.

CHAPITRE XVIII

CONSERVATION DES MATIÈRES ALIMENTAIRES

PLAN

Altération des matières alimentaires	L'air tient en suspension des microorganismes de toutes sortes spores de champignons, bactéries diverses qui se déposent sur les matières alimentaires et se développent à leurs dépens. Les *champignons* causent les moisissures, les *bactéries*, la putréfaction.	
Procédés de conservation	**I Empêcher l'arrivée des germes**	On entoure la substance alimentaire d'une enveloppe protectrice (enrobage) œufs dans la chaux, viande dans la graisse, etc.
	II Empêcher le développement des germes	Froid, glacé, appareils frigorifiques. Dessiccation des légumes et fruits secs.
	Destruction des germes	Stérilisation par la chaleur : boites de conserves. Stérilisation par des antiseptiques : viandes fumées.

145. Fermentations.

Abandonnées à elles-mêmes, les matières alimentaires ne tardent pas à s'altérer; tantôt elles se recouvrent de moisissures, causées par des champignons microscopiques, tantôt, sous l'action de microbes (bactéries), elles se décomposent en dégageant des gaz fétides et deviennent impropres à la consommation. C'est ainsi que le pain, les pruneaux cuits moisissent; le lait subit la fermentation lactique et se coagule; la viande, les œufs et toutes les matières organiques azotées subissent diverses fermentations, parmi lesquelles se trouve la fermentation putride. Dans tous les cas, les ferments sont apportés par l'air; il faut donc, pour conserver les matières alimentaires, *empêcher l'arrivée ou le développement des germes*, ou mieux encore *les détruire*.

146. Moyens d'empêcher l'arrivée des germes.

Le procédé par enrobage consiste à immerger les matières alimentaires dans un milieu qui les isole de l'air et empêche ainsi l'arrivée des ferments. Par exemple, on conserve les œufs en les trempant dans de l'eau de chaux ou en recouvrant leur coquille d'une couche de gélatine ou de paraffine; les cornichons se conservent dans le vinaigre, la viande dans la graisse, etc. Ce procédé donne des résultats incertains, car les germes peuvent avoir été apportés sur les aliments avant l'enrobage. Aussi le fait on souvent précéder d'une stérilisation partielle de la matière alimentaire; la viande est laissée quelques minutes dans la graisse chaude qui doit l'enrober; les fruits sont passés au feu avant d'être conservés dans un sirop de sucre; le thon et les sardines sont trempés dans l'huile chaude avant l'enrobage, etc.

147. Moyens d'empêcher le développement des germes.

Divers procédés sont appliqués, particulièrement le froid et la dessiccation; — la chaleur et l'humidité sont, en effet, indispensables au développement de tous les êtres vivants.

1° *Froid.* — Le froid ne tue pas les microbes, mais il empêche leur développement. Si l'on cherche à conserver des aliments pendant quelques jours seulement, le refroidissement à 0° par la glace est suffisant; c'est de cette façon que l'on conserve le poisson de mer expédié de la côte dans l'intérieur des terres. Pendant l'été, les viandes se conservent souvent par le froid produit par la glace; mais, si l'on veut les conserver plusieurs mois, il faut les congeler;

on utilise alors le froid produit par l'évaporation de gaz liquéfiés (gaz sulfureux, ammoniaque, etc.). On peut ainsi importer en Europe des viandes de moutons et de bœufs tués en Amérique et en Australie, et ces viandes nous arrivent parfaitement conservées.

Grâce au froid, d'énormes quantités d'œufs, de beurre, de poissons, de volailles ou de gibier, sont expédiés des principaux ports russes de la Baltique, de la Suède, de la Norvège vers les grands centres de consommation. La production du froid artificiel a permis à certains pays où les fruits viennent en abondance (Californie, Cap, Amérique centrale) de tirer partie de ces richesses en rendant possible le transport de ces produits qu'on laissait perdre autrefois, faute de pouvoir en assurer la conservation jusqu'aux lieux de consommation.

Aux États-Unis l'application du froid industriel est générale sur les chemins de fer où 6.000 wagons frigorifiques circulent sur le réseau nord.

L'application des procédés frigorifiques à la conservation des denrées alimentaires prend de l'extension en France. On conserve les matières alimentaires diverses (viandes, œufs, fruits), en les plaçant dans les chambres refroidies au-dessous de 0° et désignées sous le nom de *chambres frigorifiques*.

A signaler, entre autres entreprises intéressantes, une installation frigorifique pour la conservation des produits agricoles créée à Condrieu et Ampuis dans la région lyonnaise où des fraises ont pu être conservées 20 jours, des abricots et des pêches de 40 à 50 jours, moyennant une dépense de 0 fr. 56 par 100 kilogrammes de fruits et par semaine.

Les dépôts frigorifiques sont appelés à rendre de grands services en temps de guerre; la France possède deux usines frigorifiques militaires, dont une à Verdun.

L'inconvénient de l'emploi du froid est que les ferments

ne sont pas tués ; aussi les aliments se putréfient-ils très vite dès qu'ils sont sortis des chambres frigorifiques. Ils doivent donc être employés immédiatement.

2° *Dessiccation.* — Les substances alimentaires, parfaitement desséchées, peuvent se conserver indéfiniment. La dessiccation ne donne pas d'excellents résultats avec la viande (lanières et poudres de viandes sèches, consommées par les Arabes et les Américains). Mais elle s'applique avec avantage aux légumes (pois, haricots, lentilles), qui se conservent pendant des années dans l'air sec, et aux fruits : pruneaux, raisins, figues, pommes, etc.

148. Moyens de détruire les germes.

La destruction des germes constitue le meilleur moyen de conservation des matières alimentaires. On l'applique dans deux procédés : stérilisation par la chaleur et par les antiseptiques.

1° *Stérilisation par la chaleur.* — En maintenant les aliments pendant un quart d'heure à une température de 108 à 110°, on détruit tous les germes qu'ils peuvent renfermer; si ces aliments sont ensuite tenus à l'abri de l'air, ils peuvent se conserver indéfiniment. C'est sur ce principe qu'on s'appuie pour stériliser le lait et pour obtenir tous les produits désignés sous le nom de conserves Appert; les poissons, les viandes, les fruits, les légumes se conservent le plus souvent par ce procédé. On introduit les aliments à conserver dans des boîtes de fer-blanc, qui, une fois remplies, sont fermées hermétiquement par un couvercle soudé. On place ces boîtes dans un autoclave contenant assez d'eau pour qu'elles soient immergées, et l'on porte le tout à la température de 108°. Lorsqu'on stérilise des fruits ou des légumes (haricots verts, tomates, etc.), on emploie souvent, au lieu de boîtes métalliques, des bouteilles ou des flacons hermétiquement clos.

Les conserves obtenues par le procédé Appert sont encore bonnes après quinze ou vingt ans; mais, quand les boîtes sont ouvertes, l'air apporte de nouveaux germes et la putréfaction se produit assez vite.

2° *Stérilisation par les antiseptiques.* — Les antiseptiques sont des substances qui ont la propriété de détruire les microbes et les ferments. Mais peu d'entre eux peuvent servir à la conservation des matières alimentaires, car ils sont presque tous des poisons. Les seuls utilisés sont : le *sel marin*, qui agit comme antiseptique et de plus favorise la dessiccation; on l'utilise pour la conservation des viandes, des poissons, de certains légumes, du beurre ; — la *créosote* de la fumée, dont les propriétés antiseptiques sont appliquées pour la préparation des langues fumées, des jambons d'York, des harengs saurs, etc. Beaucoup de viandes sont à la fois salées et fumées (jambons).

L'*alcool* est aussi un antiseptique, utilisé pour la conservation des fruits.

D'autres antiseptiques, employés quelquefois pour conserver les aliments, sont condamnés par l'hygiène : tels sont l'acide salicylique, le formol, l'acide borique, etc.

149. Désinfectants.

Les procédés qui nous ont permis de détruire les ferments vivants peuvent tout aussi bien servir à détruire les microbes qui produisent les maladies contagieuses. Il y a donc deux moyens de désinfecter les chambres des malades ou les objets divers qui ont été à leur contact : la *stérilisation par la chaleur* et l'*emploi des antiseptiques*.

La stérilisation par la chaleur humide est la meilleure, car les germes résistent à une température moins élevée dans l'air humide que dans l'air sec. Elle se pratique dans des autoclaves ou dans l'eau bouillante, tandis que la stérilisation par la chaleur sèche a lieu dans des étuves. On applique ces procédés pour tous les objets qui peuvent supporter sans altération une température de 100 à 130° : objets de literie, vêtements, etc.

Dans les autres cas, on désinfecte par des antiseptiques. Les plus employés sont l'*acide phénique*, le *sublimé corrosif* en solution à 1 ou 2 millièmes, qui a un pouvoir désinfectant considérable ; le *formol* en dissolution ou à l'état gazeux (§ 75); le *sulfate de cuivre* (solution à 5 0/0), le *lait de chaux*, etc. Citons aussi le savon, les lessives et divers antiseptiques vendus sous les noms de lysol, crésyl, etc.

Pour la destruction des microbes pathogènes contenus dans les aliments, on emploie la stérilisation par la chaleur; c'est ainsi qu'une ébullition prolongée débarrasse l'eau des microbes de la fièvre typhoïde, du choléra, de la dysenterie, et le lait du microbe de la tuberculose.

150. Expériences. — Montrer des pruneaux cuits qui ont séjourné plusieurs jours sur une assiette. Examiner des flacons stérilisés renfermant des légumes verts de conserve, des bocaux de fruits conservés dans l'alcool ; constater l'odeur particulière exhalée par un hareng saur. Stériliser du lait dans un flacon maintenu une demi-heure dans une eau en ébullition (le flacon aura été au préalable coiffé d'un capuchon en caoutchouc qu'on se sera procuré chez un pharmacien). Montrer différents antiseptiques : acide phénique, sublimé, lysol, crésyl, créosote, etc.

Dans une étude spéciale sur la conservation des œufs, un savant a montré que le procédé le plus efficace était de maintenir les œufs dans une atmosphère de gaz carbonique. Ceci posé, expliquer pourquoi dans les campagnes on conserve souvent les œufs en les enfouissant dans le blé.

TABLE ALPHABÉTIQUE

TABLE DES MATIÈRES

Tours. — Imp. Deslis Frères et Cie, rue Gambetta, 6.

www.ingramcontent.com/pod-product-compliance
Ingram Content Group UK Ltd.
Pitfield, Milton Keynes, MK11 3LW, UK
UKHW012230240726
13966UKWH00003B/1032

9 782011 946805